#바쁘다 바빠 현대사회
#이것만 알면 할 수 있다

STARTER

문기준 지음

BM 성안북스

일러두기

● 이 책은 프로그래밍 입문서로 올바른 학습 방법은 161개의 예제 코드를 직접 입력해보는 것입니다.

● 예제 코드의 실행 결과 화면은 본문에 싣지 않았습니다.

● 예제의 소스 코드와 실행 결과 화면을 확인하고 싶은 독자는 다음 URL을 통해 내려받으실 수 있습니다.

● URL : https://url.kr/yij4x7

개발자를 꿈꾸는 사람들에게

마이크로소프트사가 닷넷을 발표했던 2002년, 본 저자는 C와 JAVA를 무기 삼아 활동하고 있었다. 물론 C와 JAVA는 여전히 시장에서 막강한 영향력을 가지는 훌륭한 언어들이다. 하지만 지난 20년 동안 마이크로소프트사의 막대한 투자와 지속적인 지원을 통해 닷넷은 어느새 외면할 수 없는 또 하나의 큰 흐름이 되었다. 그리고 C#은 이러한 닷넷을 구현하는 데 가장 최적화된 핵심 언어다. 그런 이유 때문이었을까? C#은 윈도우 기반의 애플리케이션을 만드는 데 그치지 않고, DB 프로그래밍, 게임 프로그래밍, 웹 서비스 개발, 모바일 앱 개발 등 여러분이 생각하는 그 어떤 것이라도 구현할 수 있는 최고의 프로그래밍 언어로 성장했다. 따라서 무수히 많은 프로그래밍 언어 중 무엇을 공부해야 할지 망설여진다면 자신 있게 C#을 권하고 싶다. C#은 여러분에게 후회 없는 선택이 되어줄 것이다.

C#의 문법은 간결하고 체계적이다. 따라서 이미 경험이 많은 개발자뿐만 아니라 초심자도 큰 어려움 없이 배울 수 있을 뿐만 아니라 마이크로소프트사의 엄청난 지원에 힘입어 그 어떤 언어에 비할 수 없는 방대한 문서와 라이브러리가 끊임없이 제공된다. 이것은 개발자 입장에 볼 때 정말 매력적인 것이 아닐 수 없다.

이 책은 C#에 처음 입문하는 사람들을 위해서 쓰였다. 따라서 너무 깊은 내용이나 어려운 용어를 무분별하게 사용하는 것을 피하고, 대신 C# 개발자가 꼭 알고 있어야 하는 내용을 총 161개에 달하는 풍부한 예제 코드와 함께 최대한 쉽게 설명하고 있다.

아무쪼록 이 책이 C#에 첫발을 내딛는 사람들에게 큰 디딤돌이 될 수 있기를 바란다.

2021년 가을, 문기준

저자가 소개하는 이 책의 특징

안녕하세요. 저는 미국 실리콘밸리에 있는 San Jose State University에서 Computer Science를 전공하고, 역시 실리콘밸리에서 유닉스와 리눅스를 기반으로 약 7년 정도 프로그래머 생활을 하다가 귀국하여, 지금까지 20년 정도 교육관련 사업 및 관련 소프트웨어를 제작해온 문기준이라고 합니다. 반갑습니다.

제가 이번에 『C# 스타터: 모바일·게임·메타버스 개발에 최적화된 프로그래밍 언어의 입문서』라는 책을 내게 되었는데요. 가장 핵심적인, 그러면서도 정말 이해하기 쉬운 C# 프로그래밍 입문서로, 지금까지 여러 책을 통해 프로그래밍을 공부해봤지만 여전히 프로그래밍이 어렵게 느껴지시는 분들, 그리고 프로그래밍을 제대로 시작해보려는 분들에게 도움이 될 수 있는 책이라고 생각합니다.

학창시절에 제 꿈은 시인이면서 동시에 작곡가가 되는 것이었어요. 매일 매일 시를 쓰고, 틈나는 대로 노래를 만들었죠. 그런데 그렇게 작업물이 몇 년씩 쌓이다 보니 양이 너무 많아졌어요. 그걸 효과적으로 관리할 수 있는 방법을 찾다가 만나게 된 것이 SQL 프로그래밍이었고, 그렇게 처음 프로그래밍을 시작하게 되었네요. 시작한 계기가 조금 특이하죠? 그게 1991년, 92년이었으니까 시간이 벌써 많이 흘렀는데요. 그로부터 수많은 프로그래밍 경험을 쌓아 이제 『C# 스타터』라는 책으로 여러분들을 찾아뵙게 되었습니다.

현대사회에서 가장 중요한 소양을 꼽으라면 많이들 프로그래밍 능력을 말하곤 하죠. 그러다 보니 전공자든 비전공자든 프로그래밍에 관심을 많이 가질 수밖에 없는데, 시중에 나와 있는 책을 살펴보면, 둘 중 하나인 것 같았어요. 너무 기본적이어서 별로 도움이 되지 않거나, 혹은 너무 두껍고 어려워서 이게 정말 초심자용인가 싶은 그런 책들 말이죠.

그래서 중간 다리 역할을 하는 책이 필요하다고 생각했습니다. 초심자들이 꼭 알아야 하는 것들만 제대로 선별해서 이것을 왜 배워야 하는지 알려주고, 이것을 어떻게 사용하는지 좋은 예제로 쉽게 설명해주는 책 말이에요.

사실 프로그래밍이라는 게 어렵지 않거든요. 원리와 방법은 아주 단순하죠. 기본적으로 꼭 알고 있어야 되는 것들을 잘 익혀서 그걸 적절하게 조합해나가면 되는 거지요. 마치 레고 게임처럼요. 그리고 특정 분야에서 필요한 전문지식이나 고난도 기술들은 필요하면 그때그때 배우면서 사용하는 거예요. 전문 프로그래머들도 사실 다 그렇게 합니다.

그래서 결국 제 책은, '다리' 역할을 해주는 책이라고 보시면 되겠습니다. 프로그래밍의 첫발을 잘 뗄 수 있게 도와주는 책, 그래서 제목도 "스타터"라고 지었습니다.

특별히 C# 언어를 주제로 선택하신 이유가 있을까요?

세상에는 참 많은 프로그래밍 언어들이 있지요? 그 각각의 언어들은 사실 어떤 목적을 가지고 만들어졌어요. 예를 들어, 예전에 인기 있던 펄(Perl)은 문자열처리, PHP는 홈페이지 개발, 자바스크립트는 상호작용이 가능한 동적인 웹페이지를 만들기 위해, R은 통계 분석을 위해 만들어진, 뭐 이런 것처럼요.

그럼 C#은 무엇을 위해 만들어졌느냐? 이걸 이해하려면 C#이 세상에 나오게 된 배경을 좀 알아야 하죠. C#이 세상에 나올 당시 가장 인기 있던 언어가 바로 자바JAVA인데요. 썬 마이크로시스템즈Sun Microsystems가 개발했고, 지금은 오라클Oracle에서 라이선스License를 가지고 있죠. 그런데, 세계 제1의 컴퓨터 회사라고 자부하는 마이크로소프트사가 이 시장에서 밀릴 수는 없었던 거예요. 자존심이 상한 거죠. 그래서 자존심을 걸고 자바가 가지는 강점에 C나 C++, 그리고 비주얼베이직의 강점까지 모두 흡수한, 정말이지 그 어떤 목적의 프로그래밍도 가능한 슈퍼 랭귀지를 만들었는데, 그게 바로 C#이예요. 그래서 C# 하나만 잘 익혀두어도 세상에 만들지 못할 프로그램이 없다고 말할 정도죠. 배우기도 상대적으로 쉽고, 사용할 수 있는 분야도 가장 넓은 그런 언어입니다.

한국에서는 아직 이슈가 덜 되고 있지만, 해외에서는 C#의 위상이 이미 대단합니다. 초심자들이 자신의 첫 프로그래밍 언어로 선택하기에 가장 좋은 선택이라고 생각합니다.

C#언어는 다양 주로 어떤 부분에 많이 응용되는 언어일까요?

무엇이든 다 만들 수 있어요. 간단한 계산기부터 데이터베이스 프로그램, 또 모바일 앱 프로그램, 게임 프로그래밍, 사물인터넷도 개발할 수 있고, 특히 최근 가장 이슈인 메타버스에도 C# 언어는 활용되고 있습니다. 정말 범용 프로그래밍 언어의 최정상에 있다고 생각합니다.

프로그래밍이라는 것은 처음, 일은 어렵고 해도 어려운 것을 느낄 때인데요, 이러한 부분에 대해 출판 교재라면 어떤 특징을 녹여내는 것이 좋을까요?

맞아요. 앞서도 얘기했듯이 기존의 프로그래밍 언어 입문서들은 말만 입문서고, 전문적인 지식을 이미 갖추지 않고는 이해할 수 없는 내용을 많이 포함하고 있더라고요. 사실 입문서라고 볼 수 없는 거죠.
하지만 『C# 스타터』는 이런 부분을 잘 조율하려고 노력했어요. 처음 입문하는 사람들이 꼭 알고 있어야 하는 것이 무엇인지, 그리고 어느 깊이까지 이해해야 하는 것인지 정말 딱 필요한 수준으로 쓰려고 노력했습니다. 프로그래밍에 대해 좌절감을 느끼는 사람들이나 시작조차 두려운 사람들에게 용기를 줄 수 있는 그런 책이라고 할 수 있죠.

이런 C# 스타터는 기획과 집필 어떤 방법으로 하였나요?

구성에 특히 신경을 많이 썼어요. 사람들이 재미있게 공부하려면 궁금증을 계속 해소해주어야 하잖아요. 예를 들어, 변수를 배우고 나면, 사용자에게 입력 값을 받는 방법이 궁금해지고, 기본적인 연산을 배우고 나면 계산기 프로그램이라도 한 번 만들어보고 싶어질 수밖에 없잖아요. 그래서 이 부분을 공부하면, 무엇이 궁금해질까? 또 다른 부분을 설명하고 나면, 이쯤에서는 또 해보고 싶은 것이 무엇일까? 계속 고민하면서 글을 썼어요. 그러다보니, 책이 지루하지 않고 빨리 읽히는 걸 느낄 수 있을 거예요. 그리고 마치 옆에 선생님이 있는 것처럼, 궁금증이 그때그때 해결되어가는 재미도 느낄 수 있고요.

우선, 저는 이 책을 두 번 정도 읽기를 권합니다. 금방 볼 수 있을 거예요. 그리고 나면 아마 프로그래밍에 대해 전체적인 그림이 그려질 거고요, 그런 뒤에는 더 두껍고 어려운 책을 읽어도 예전과 달리 그게 무슨 말인지 이해할 수 있게 되죠.
물론, 자신만의 프로젝트를 바로 시작할 수도 있어요. 그러면 또 이래저래 다양한 자료를 찾아보게 될 텐데, 인터넷 등에서 필요한 정보를 찾아볼 때도 그것을 어려움 없이 이해할 수 있게 될 겁니다.

출판사에 원고를 넘기기 전에 제 스스로 이미 세 번을 다시 썼어요. 앞에서 말한 것처럼, 구성 때문이에요. 뭔지 모를 궁금증을 가지고 막연하게 책을 읽는 것은 아주 지루한 일이거든요. 그래서 어떻게 하면 좀 더 속이 뻥 뚫리는 전개를 할 수 있을까, 그걸 고민하느라 다시 쓰고 또 다시 쓰기를 반복했었죠. 그게 제일 힘들었어요. 그리고 작은 책을 만들려고 노력했어요. 소설책처럼 어디서나 휴대하고 다니면서 가볍게 읽을 수 있는 그런 책을 만들기 위해 고민했던 점이 가장 힘들었던 것 같아요.

『C# 스타터: 모바일·게임·메타버스 개발에 최적화된 프로그래밍 언어의 입문서』를 읽으실 독자님! 이 책은 이제 막 전공을 시작하려는 분이나, 비전공자인데 프로그래밍을 배우고자 하는 분들을 위해 쓰여 졌습니다. 아무쪼록 이 책이 개발자로 나아가거나 프로그래밍에 첫 발을 내딛고 싶어 하는 여러분의 목표에 '좌절 없는' 첫 단추가 되어주기를 바랍니다. 그리고 반드시 그렇게 될 겁니다. 파이팅!

차례

Chapter 5.   C# 문법 4 : 고급

Chapter 6.   프로그램 구조

Chapter 7. C#으로 구현하는 자료구조

CHAPTER

{ 0 }

프로그래머 안경 쓰기

0.1

프로그래밍이란

컴퓨터 프로그래밍^{computer programming}을 이해하려면 먼저 **컴퓨터**^{computer}가 무엇인지 생각해 볼 필요가 있다. 이해를 돕기 위해 '자전거'에 비유해보자. 자전거를 물리적으로 보면 여러 부품을 조합해놓은 쇳덩어리에 지나지 않는다. 사람이 올라앉아 페달을 밟아야 자전거는 비로소 앞으로 나아갈 수 있다. 하지만 이것만으로는 충분치 않다. 원하는 방향으로 회전할 수 있어야 하고, 필요하다면 멈출 수도 있어야 한다. 즉, 탑승자의 요구에 맞게 조작할 수 있어야 자전거는 비로소 이동수단의 역할을 해낼 수 있다.

 이제 우리가 다룰 컴퓨터로 생각해보자. 사람이 컴퓨터에게 어떤 일을 시키기 전까지 컴퓨터는 그저 무수히 많은 부품을 결합해놓은 쇳덩어리일 뿐이다. 사람이 어떤 일을 하라고 지시할 때 컴퓨터는 우리에게 유용한 기기로 탈바꿈한다. 하지만 무턱대고 컴퓨터에 "모든 회사 사람들의 전화번호를 출력해줘."라고 말할 수는 없을 것이다. 컴퓨터는 사람의 말을 이해하지도 못 하지만, 설사 알아듣는다고 해도 무엇을 어떻게 해야 하는지 스스로 판단할 능력이 없기 때문이다. 따라서 사람이 컴퓨터에게 모든 과정을 일일이 알려주어야 한다. 어떤 요청이 들어왔을 때는 어떻게 해야 하고, 또 다른 요청이 들어왔을 때는 어떻게 처리해야 하는지. 그리고 우리는 이것을 **프로그래밍**이라고 부른다.

최근에 인공지능, 머신러닝과 같은 키워드가 많이 대두되면서 마치 컴퓨터가 스스로 사고할 수 있는 것으로 오해할 수도 있지만, 이 역시도 사람이 직접 올바르게 설계하고 지시한 결과일 뿐, 컴퓨터는 여전히 사람의 일을 대신하는 도구에 불과하다. 자전거가 우리의 '발'을 대신하듯, 컴퓨터는 우리의 '머리'를 대신하기 위해 만들어졌다.

그렇다면 사람이 직접 해도 되는 일에 굳이 컴퓨터를 사용하는 이유는 무엇일까? 이유는 간단하다. 어떤 일이든 절차와 방법을 명확하게 지시할 수만 있다면, 그 일을 처리하는 능력과 정확성만큼은 컴퓨터가 인간에 비할 수 없이 빠르기 때문이다. 예를 들어, 사람에게 백만 번의 곱셈을 요구하면 굉장히 오랜 시간이 걸림은 물론이고 심지어 오류를 일으킬 가능성도 클 것이다. 하지만 컴퓨터에게 이런 일은 1초도 채 걸리지 않는 일일 뿐만 아니라 오류도 발생하지 않는다. 단, 이것은 우리가 컴퓨터에 올바른 지시를 했다는 것을 전제로 한다. 따라서 '프로그래밍'은 단지 '코딩'만을 의미하는 것이 아니다. 논리적이고 모순 없는 프로그램을 '설계'하는 능력이 어쩌면 코딩보다 더 중요하다고 말할 수 있다.

모순 없는 프로그램의 설계를 위해 우리는 일반적으로 다음과 같은 과정을 거치게 된다.

순서도 작성

순서도^{flowchart}는 작업의 순서를 나타내는 다이어그램으로, 프로그램을 설계하고 문서화하는 데 사용한다.

이해를 돕기 위해 주차장의 과금 시스템을 예로 들어 보자. 쉴 새 없이 차들이 들어오고 나가는 이곳에서 오류 없이 주차비를 계산하기는 쉽지 않아 보일 수 있다. 하지만 주차비 정산은 결국 다음 그림과 같은 과정을 거칠 수밖에 없다(차가 주차장에서 나갈 때 역시 이와 비슷한 과정을 거치게 될 것이다).

다음의 그림처럼 일의 처리 과정을 도식화한 것을 **순서도**라고 하는데, 좋은 순서도를 작성하는 것만으로도 소프트웨어 개발의 절반은 끝낸 것이다. 잘 짜인 설계도(순서도)를 가지고 있다면, 그것을 프로그래밍 언어로 작성하는 것은 생각보다 어렵지 않기 때문이다. 그럼에도 불구하고 일부

초심자들은 프로그램의 설계에는 관심을 두지 않고, 오직 프로그래밍 언어의 문법을 익히는 데에만 모든 시간을 할애하기도 한다. 그 결과, 프로그래밍 실력이 좀처럼 늘지 않고 항상 제자리걸음을 반복하게 되기도 한다. 따라서 이 책에서는 기본적인 순서도와 이를 실제 프로그래밍 언어로 작성하는 요령을 간략하게나마 소개한 뒤, 우리의 목표 언어인 C#에 대해 다루게 될 것이다.

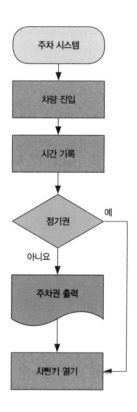

순서도는 여러 종류의 기호를 화살표로 연결하여 표현하는데, 순서도에 많이 사용하는 기호는 다음과 같다.

기호	명칭	설명
→	흐름선	작업의 순서와 기호의 연결
⬭	터미널	순서도의 시작과 끝
⬡	준비	프로그램이나 변수의 초기값 설정
▭	처리	각종 연산 및 명령어 처리
◇	판단	조건을 제시하고 이에 부합하는지를 판단
▭	반복	조건을 제시하고 조건이 참인 동안 반복 수행할 연산이나 명령어 처리
▯▯▯	종속처리	다른 곳에서 미리 정의해둔 작업을 처리
▱	입출력	프로그램에 데이터 값을 입력하거나 출력함
⬭	서류	문서의 형태로 데이터 값을 출력함
⬠	디스플레이	컴퓨터 모니터 등의 화면으로 중간 혹은 최종 결과값을 출력함
⬭	자기디스크	하드디스크 등의 자기디스크로의 입출력
▱	수동 입력	사용자에 의한 데이터 값 입력
▭	주석	순서도의 이해를 돕기 위한 설명
○	연결자(결합)	같은 페이지에 있는 순서도에 연결
⬠	페이지 연결자	다른 페이지에 있는 순서도에 연결

다음 그림은 순서도의 또 다른 예시를 보여준다. 배달 앱의 작동 순서를 그린 것이다.

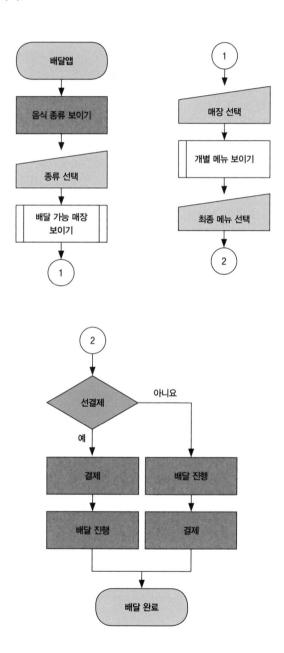

전문 프로그램을 가지고 있지 않더라도 아래 웹사이트를 이용하면

충분히 훌륭한 순서도를 작성할 수 있다.

1. draw.io

2. google drawings (https://docs.google.com/drawings)

순서도를 제대로 작성했다면 이제 실제 코딩을 할 준비가 된 것이다. 하지만 무턱대고 프로그램을 작성하다 보면 끊임없는 수정을 하게 되고, 때로는 어디서부터 무엇을 다시 짜야 하는지 감을 잡지 못하는 지경에 이를 수도 있다. 이런 반복적인 시행착오를 막으려면 실제 코딩에 앞서 프로그램의 전체 구성과 계획을 한눈에 파악할 수 있는 **의사 코드**를 작성하는 것이 바람직하다.

0.3

의사 코드 작성

의사 코드^{pseudo-code}는 실제 코드와 닮았지만, 컴퓨터가 아닌 사람이 이해하기 위해 작성한 가짜 코드를 의미한다. 따라서 당연히 컴파일이나 실행을 할 수는 없다. 그럼에도 불구하고 의사 코드를 작성하는 데에는 다음과 같은 장점이 있기 때문이다.

1. 실제 실행을 목적으로 하지 않기 때문에 프로그래밍 언어의 문법에 연연하지 않고 프로그램의 전체적인 구성과 설계를 기술할 수 있다.

2. 의사 코드를 작성하는 것만으로 프로그램이 문서화된다. 이것은 프로그램을 제작 단계뿐만 아니라, 향후 수정 및 보완 작업을 할 때 큰 도움을 준다.

3. 실제 코딩을 하기 전에 의사 코드를 작성하면 작업 효율이 증가하

는 동시에 개발 시간은 현저하게 줄어든다.

―――――――――

의사 코드를 작성할 때 역시 일반적으로 지켜지는 규칙은 존재한다. 하지만 반드시 지켜야 하는 것은 아니다. 의사 코드의 존재 이유가 '편의성'과 '효율성' 때문인데, 여기에 또 다른 문법이 존재한다는 것 자체가 모순일 수밖에 없기 때문이다. 하지만 다음 3가지 정도를 지킨다면, 의사 코드의 차후 활용도을 높일 수 있다.

―――――――――

1. 실제 프로그래밍에 사용될 언어와 의사 코드는 가급적 비슷한 모양을 갖는 것이 좋다.

- -

2. 프로그램의 설계와 구조를 최대한 잘 볼 수 있도록 작성하는 것이 좋다. 예를 들어, if 문을 사용할 것인지, while 문 또는 for 문을 사용할 것인지 보여주는 것이 좋다. 단, 이때 프로그래밍 언어의 구체적인 구문 규칙은 신경 쓰지 않는다.

- -

3. 본인뿐만 아니라 다른 사람이 보더라도 충분히 잘 이해할 수 있도록 작성한다.

―――――――――

다음은 앞에서 순서도로 그린 '주차장의 과금 시스템'을 의사 코드로 작성한 것이다.

```
class Program
{
    static void Main( )
    {
        차량이 진입하면 시간을 기록하고
        정기주차권을 가진 차량인지 확인한다. (새 함수로 구성)

        if(정기주차 차량이면)
            차단기를 연다. (차단기 함수 구성)
        else
            진입 시간이 찍힌 주차증을 출력. (주차증 출력 함수 구성)
            차단기를 연다. (차단기 함수 사용)
    }

    정기주차권차량확인함수( )
    {
        정기주차로 등록된 차량인지 확인한다.

        if(정기주차 등록 차량이면)
            정기주차 차량 확인 값을 반환한다.
        else
            비정기주차 차량 확인 값을 반환한다.
    }

    차단기함수( )
    {
        차단기를 연다.
    }

    주차권출력함수( )
    {
        입차 시간이 찍힌 주차권을 출력한다.
    }
}
```

이와 같은 의사 코드를 작성했다면, 이것을 실제 프로그램으로 만드는 것은 어려운 일이 아니다. 다음은 앞 의사 코드를 C# 언어로 다시 작성한 것이다.

코드 1

```
using System;

namespace ParkingSystem
{
    class Program
    {
        static void Main( )
        {
            // 차량이 진입하면 시간을 기록하고
            string timeIn = DateTime.Now.ToString("yyyy-mm-dd:mm:ss");

            // 정기주차권을 가진 차량인지 확인한다. (새 함수 구성)
            int RegularParking = CheckRegularParking( );

            // if(정기주차 차량이면)
            if (RegularParking == 1)
            {
                // 차단기를 연다. (차단기 함수 구성)
                GateOpen( );
            }

            else
            {
                // 진입 시간이 찍힌 주차증을 출력. (주차증 출력 함수 구성)
                PrintTicket(timeIn);

                // 차단기를 연다. (차단기 함수 사용)
                GateOpen( );
```

```csharp
        }
    }

    // 정기주차권차량확인함수( )
    static int CheckRegularParking( )
    {
        // 정기주차로 등록된 차량인지 확인한다.
        int result;
        bool IsRegistered = false;

        // if(정기주차 등록 차량이면)
        if (IsRegistered == true)
        {
            // 정기주차 차량 확인 값을 반환한다.
            result = 1;
            return result;
        }

        else
        {
            // 비정기주차 차량 확인 값을 반환한다.
            result = 2;
            return result;
        }
    }

    // 차단기함수( )
    static void GateOpen( )
    {
        // 차단기를 연다.
        Console.WriteLine("차단기가 열립니다");
    }

    // 주차권출력함수( )
    static void PrintTicket(string time)
    {
```

```
        // 입차 시간이 찍힌 주차권을 출력한다.
        Console.WriteLine("입차시간: {0}", time);
      }
    }
  }
```

이처럼 실제 프로그램을 작성하기 전에 **순서도**를 그리고, 이를 다시 **의사코드**로 적어보는 것을 반복하면서 여러분은 프로그램 설계에 필요한 마인드와 기술을 습득할 수 있다. 불필요한 작업이 포함되어 있지 않은지, 더 효과적이고 간소화할 방법은 없는지 고민하는 것을 **프로그래밍적 사고**라고 부르는데, 이러한 프로그래밍적 사고는 순서도와 의사 코드를 반복적으로 작성해 보면서 얼마든지 기를 수 있다. 뿐만 아니라, 이것은 고급 프로그래머가 되기 위해 반드시 거쳐야 하는 과정이다.

CHAPTER

1

최소한의 지식

1.1

닷넷 프레임워크와 C#

.NET Framework (닷넷 프레임워크)

닷넷 프레임워크(이하 닷넷)는 2002년 마이크로소프트사에서 발표한 윈도우 기반 응용 프로그램의 개발 및 실행 환경이다. 우리가 과거에 접해

왔던 프로그램들은 대부분 특정 운영체제를 기반으로 만들어졌기 때문에, 일단 프로그램이 설치되면 별도의 중간 단계를 거치지 않고 실행할 수 있었다. 반면 닷넷을 기반으로 만들어진 프로그램들은 오직 닷넷이 설치된 환경에서만 실행할 수 있다. 즉, 특정 컴퓨터의 특정 운영체제가 아닌 **닷넷**이라는 특수한 환경을 기반으로 동작하는 것이다.

이러한 닷넷은 Common Language Runtime(CLR)이라고 불리는 가상머신(VM)^{Virtual Machine} 위에서 작동하는데, 프로그램의 실행 요청이 발생하면 CLR이 먼저 메모리에 적재되고, 이 CLR 위에서 프로그램이 실행되는 구조다. 이 구조가 복잡해 보일 수 있지만 (자바의 가상머신과 마찬가지로) 닷넷이 설치되어 있는 한, 사용자의 운영체제와 상관없이 프로그램을 실행할 수 있다는 점에서 획기적이고 강력한 개념이다. 서로 다른 컴퓨터 환경을 위해 프로그램의 코드를 다시 짜고, 또 각각의 환경이 변할 때마다 코드를 수정해야 하는 불편함을 해소했기 때문이다.

또한, 여러분이 C#으로 프로그램을 작성하든 F#으로 작성하든 아니면 비주얼 베이직^{Visual Basic}으로 작성하든 이것을 컴파일하면 기계어가 아닌, 마이크로소프트사의 **중간 언어**^{Microsoft Intermediate Language}(MSIL 혹은 IL이라고 부름)로 변환되는데, CLR은 바로 이 중간 언어를 기계어로 번역하여 실행하는 것이나. 이 말은 곧 닷넷을 기반으로 하는 모든 언어는 동일한 '중간 언어'를 생성한다는 것이고, 때문에 복잡한 과정 없이 손쉽게 상호 호출을 할 수 있다. 따라서 C#으로 만든 코드와 F#으로 만든 코드, 비주얼 베이직으로 만든 코드를 하나의 프로그램처럼 운용할 수 있게 되는 것이다. 그리고 이것이 닷넷을 강력하게 만드는 또 다른 이유라고 할 수 있다.

C#(씨샵)

C#은 마이크로소프트사가 2000년 6월에 C와 C++의 강점, 그리고 비주얼 베이직의 편의성을 결합하여 만든 객체지향 프로그래밍 언어다. 그 이름의 유래 역시 C++++라는 설이 있는데 C++에 ++를 더해 '#' 모양을 만들어 이름을 지었다는 것이다. 그리고 C#이 발표되는 시기에 시장에서 가장 주목을 받고 있던 언어가 자바JAVA라는 사실을 안다면 C#이 무엇을 염두에 두고 만들어졌는지 짐작하는 것은 어렵지 않다. 그래서 C#은 C, C++, 비주얼 베이직은 물론, 심지어 자바의 장점까지 두루 가지고 있는 것이다.

C#은 닷넷을 기반으로 하여 견고하고 보안성이 높은 프로그램을 제작할 수 있는데, 윈도우용 프로그램은 물론 모바일 프로그램, 클라이언트-서버 프로그램, 데이터베이스 프로그램, 웹 기반 프로그램, 사물인터넷(IoT) 프로그램에 이르기까지 다양한 종류의 어플리케이션을 만드는 데 사용할 수 있다. 다시 말해, 우리가 어떤 프로그램을 구상하더라도 C#으로 모두 만들 수 있다는 뜻이다. 그리고 C#의 개발 목적 자체가 닷넷 프레임워크를 구현하기 위함인 만큼 닷넷 프레임워크 위에서 C#보다 강력한 언어는 없다고 단언할 수 있다.

1.2

개발 환경 준비
비주얼 스튜디오 커뮤니티 에디션

프로그래밍 공부를 시작하는 데 있어 매우 중요한 것 중 하나는 자신에게 맞는 개발 환경을 선택하는 것이다. 현재 다양한 종류의 통합 개발 환경(IDE)^{Integrated Development Environment}이 나와 있고, 이 중 일부는 클라우드를 기반으로 하기 때문에 여러분의 컴퓨터에 설치하거나 복잡한 환경 설정을 해줄 필요조차 없는 것들도 있다. 하지만 여러분이 진지하게 프로그래밍을 공부한다면 자신에게 맞는 IDE를 컴퓨터에 직접 설치하는 것을 권한다. 그리고 이때 시장에서 보편적으로 사용하는 IDE를 몸에 익혀 두는 것이 좋다. 그런 이유에서 이 책은 여러분의 컴퓨터에 Visual Studio Community Edition이 설치되어 있다고 가정하여 설명할 것이다. Visual Studio Community Edition은 웬만한 고급 개발자에게도 부족함이 없는 훌륭한 무료 C# IDE 환경 중 하나다. 다음 링크에 가서 Visual Studio Community Edition을 내려받도록 하자.

다운로드: http://visualstudio.microsoft.com

설치를 시작하면 다음과 같은 화면이 나타날 것이다. 설치를 마친 후에도 필요에 따라 자유롭게 구성 요소를 더하거나 뺄 수 있다. 따라서 여기서는 일단 C# 개발에 필요한 기본적인 환경만 구축해 보자. 왼쪽 하단에 있는 '.NET 데스크톱 개발'을 선택한 뒤에 〈Install〉 버튼을 클릭하면 다운로드와 함께 설치를 시작할 것이다.

1.3.

새 프로젝트 만들기

설치를 마쳤다면 이제 비주얼 스튜디오를 시작해 보자. 프로그램을 시작하면 다음과 같은 화면이 나타날 텐데 여기에서 '새프로젝트 만들기'를 선택한다.

프로그램이 이미 실행 중이라면 『파일 → 새로 만들기 → 프로젝트』를 선택하거나 단축키 〈Ctrl + Shift + N〉을 눌러 '새 프로젝트 만들기' 화면을 띄울 수 있다.

그리고 이어지는 화면에서 '콘솔 애플리케이션'은 선택한다. 단, 이때 아래 왼쪽 아이콘에 'C#'이라고 적혀 있는 것을 선택해야 한다.

콘솔이란?

'콘솔(console)'은 원래 컴퓨터 운영자가 컴퓨터의 운영 상황을 감시하기 위해 각종 표시등이나 제어장치를 준비하고 있는 조작테이블을 부르는 이름이다. 하지만 프로그래밍에서 말하는 '콘솔'이란 키보드(입력 장치)와 기본적인 출력 장치인 모니터만을 가진 환경을 의미한다.

새 프로젝트 만들기

첫 프로그램의 대명사는 뭐니 뭐니 해도 'Hello World!'일 것이다. 너무 유명한 프로그램인 만큼 우리도 한번 만들어 보자.

앞의 단계에서 『파일 → 새로 만들기 → 프로젝트 → 콘솔 애플리케이션』을 선택하면 다음과 같은 화면이 나타난다.

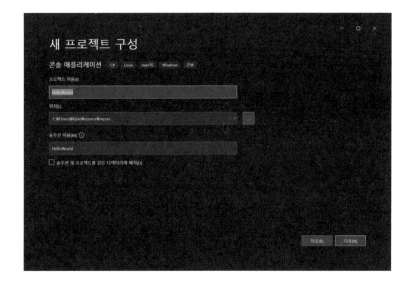

프로젝트 이름에 'HelloWorld'라고 입력을 한 뒤, 화면 우측 아래에 있는 〈다음〉 버튼을 클릭하면 다음과 같은 화면이 나타나는데, 여기에서 '대상 프레임워크'를 '.NET 5.0'으로 선택하자.

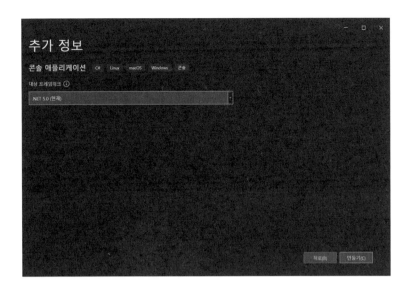

그리고 나면 다음과 같이 코드를 작성할 수 있는 화면이 나타날 것이다.

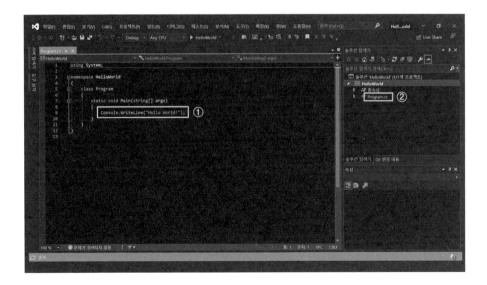

②에서 보이는 'Program.cs'는 비주얼 스튜디오에서 기본으로 생성하는 C# 파일이다(.cs가 바로 C# 소스파일의 확장자다). 그리고 프로그램 작성을 위한 코드는 ①번 영역에 작성하게 될 것이다. 이제 첫 프로그램을 만들 준비가 끝났으니, 다음 코드를 직접 입력해 보자.

코드 2

```csharp
using System;

namespace HelloWorld
{
    class Program
    {
        static void Main(string[ ] args)
        {
            Console.WriteLine("Hello World!");
        }
    }
}
```

'새 프로젝트 만들기'를 하면 비주얼 스튜디오 스스로 위와 같은 'Hello Word' 프로그램를 생성한다.

컴파일

앞과 같은 코드를 가지게 되었다면 이제 이 코드를 컴파일해 보자. **컴파일** compile이란, 인간이 이해할 수 있는 형태의 코드를 컴퓨터가 이해할 수 있는 기계어로 바꾸는 작업을 말한다. 이를 위해서는 비주얼 스튜디오 프로그램의 상단 메뉴에서 『빌드 → 솔루션 빌드』를 선택하거나 단축키 〈Ctrl +Shift +B〉를 눌러주면 된다.

인텔리코드

처음 컴파일을 할 때 **인텔리코드(Intelli Code)**를 묻는 상자가 나타날 수 있는데, 이것은 무조건 사용하는 것이 좋다. 인텔리코드란, 마이크로소프트사가 **깃허브(GitHub)**에 공개된 수많은 프로젝트 중 사용자에게 매울 좋은 평가를 받은 코드들만 인공지능(AI)으로 학습시킨 것으로 여러분이 프로그래밍을 한층 수월하게 할 수 있도록 도와줄 것이다.

또 다른 방법은 메뉴에서 『디버그 → 디버그하지 않고 시작』을 선택하거나 단축키 〈Ctrl +F5〉를 눌러 주는 것인데, '디버그하지 않고 시작'을 선택하면 자동으로 컴파일을 실행한 뒤 결과 화면까지 보여주기 때문에 편리하다.

앞의 Hello World 프로그램의 작성과 컴파일까지 순조롭게 진행했다면, 여러분은 이제 C#을 이용해 자신만의 프로그램을 만들 준비가 된 것이다. 이제 본격적으로 C#의 문법을 배워보자.

컴파일러 vs. 인터프리터

개발자가 작성한 소스코드는 컴퓨터의 하드웨어가 이해할 수 있는 구조가 아니다. 컴퓨터는 기본적으로 '0'과 '1' 즉, 켜고(1) 끄는(0) 두 가지의 동작만 이해할 수 있기 때문이다. 따라서 여러분이 작성한 코드를 컴퓨터가 이해할 수 있는 기계어로 바꿔주는 작업이 필요한데, **컴파일러(compiler)**를 사용하는 방식과 **인터프리터(interpreter)**를 사용하는 방식이 대표적이다.

컴파일러: 소스코드를 자신이 동작할 컴퓨터 환경에 맞춰 기계어로 번역한 뒤, 이 기계어를 실행하는 방식이다. 빠른 실행 속도와 안정성이 장점이다. C, C++ 등이 이에 속한다.

인터프리터: 소스코드의 형태로 존재하는 프로그램을 실행 시점에 기계어로 번역하는 방식이다. 실행 속도가 컴파일 계열 언어에 비해 느린 반면, 코드 수정이 상대적으로 쉽다.자바스크립트(Java Script), 파이썬(Python) 등이 이에 속한다.

C#과 자바는 컴파일러와 인터프리터 언어 각각의 장점을 결합한 형태를 사용한다.

CHAPTER

{ 2 }

C# 문법 1 : 기본

2.1

C# 자료형

자료형^{data type}이란, 컴퓨터에 데이터(자료)를 저장하는 형식을 말한다. 프로그래밍 언어마다 기본적으로 제공하는 자료형이 있고, 사용자가 직접 만들어서 사용하는 자료형도 존재할 수 있다. 이번 장에서는 C#에서 기본적으로 제공하는 자료형에 대해 알아보도록 하자.

C#에서 제공하는 자료형은 크게 4가지로 분류할 수 있다.

1. 정수형
2. 실수형
3. 문자(열)형
4. 부울린형

정수형

자료형	크기	표현할 수 있는 범위
sbyte	부호 있는 8비트 정수	$-128 \sim 127$
byte	부호 없는 8비트 정수	$0 \sim 255$
short	부호 있는 16비트 정수	$-32,768 \sim 32,767$
unshort	부호 없는 16비트 정수	$0 \sim 65,535$
int	부호 있는 32비트 정수	$-2,147,483,648 \sim 2,147,483,647$
unint	부호 없는 32비트 정수	$0 \sim 4,294,967,295$
long	부호 있는 64비트 정수	$-9,223,372,036,854,775,808 \sim$ $9,223,372,036,854,775,807$
unlong	부호 없는 64비트 정수	$0 \sim 18,446,744,073,709,551,615$

C#에서는 정수만 해도 위와 같이 다양한 자료형을 제공한다. 이렇게 다양한 자료형이 존재하는 이유는 각각의 자료형마다 차지하는 메모리의 크기가 다르기 때문이다. 예를 들어, 한 번에 100명의 학생만 수용할 수 있는 수업 관리 프로그램을 짜기 위해 short 혹은 그 이상의 자료형을 사용한다면 불필요한 메모리 낭비가 발생하고, 프로그램의 크기가 커질수록 속도와 관리 측면에서 어려움이 생긴다. 따라서 이런 경우에는 byte 혹은 sbyte 자료형을 사용하여 메모리 사용을 최소화해 주어야 프로그램을 좀 더 가볍고 빠르게 만들 수 있다.

2비트(bit)란, $2^1 = 2$ 즉, 0과 1 두 개의 수만 표현할 수 있다는 뜻이고, 8비트란, $2^8 = 256$, 16비트란 $2^{16} = 65,536$까지의 수를 표현할 수 있다는 뜻이다. 그리고 몇 비트를 사용하느냐가 곧 얼마만큼의 메모리를 차지하느냐와 같은 의미이다.

실수형

자료형	크기	표현할 수 있는 범위
float	32비트(4바이트)	$-3.402823e38 \sim 3.402823e38$
double	64비트(8바이트)	$-1.79769313486232e308 \sim 1.79769313486232e308$
decimal	128비트(16바이트)	$\pm1.0 \times 10e{-}28 \sim \pm7.9228 \times 10e28$

소수점을 포함하는 실수형은 그 특성상 정확한 수의 표현이 아닌 근사치를 표현한다. 소수점의 이하의 모든 수를 전부 표현하는 것은 대부분의 경우 비효율적이기 때문인데, 이런 까닭에 실수형 자료에는 아주 작지만 오차범위가 존재할 수밖에 없다. 따라서 정밀 기계나 천문학에 사용하는 프로그램처럼 한치의 오차도 허용할 수 없는 경우라면 자료형으로 'decimal'을 선택해야 한다. 단, decimal의 경우 모든 숫자형 자료 중에서 가장 느린 연산 속도를 가지는 단점이 있다.

문자(열)형

자료형	크기	표현할 수 있는 범위
char	유니코드 16bit (2바이트)	U+0000 ~ U+FFFF
string	유니코드 16bit 조합	1,073,741,823개 문자의 나열

유니코드는 하나의 문자를 표현하는데 2바이트를 사용한다. 그리고 문자열형인 'string'은 정수형이 허용하는 최대치(2,147,483,647)까지 문자를 표현할 수 있으므로, string의 이론적인 한계는 1,073,741,823개 문자의 나열이다.

유니코드란?

컴퓨터상에서 모든 나라의 언어를 표현하기 위해 나온 코드 체계가 '유니코드(unicode)'다. 유니코드는 사용 중인 운영체제나 프로그램, 언어에 상관없이 문자마다 고유한 코드 값을 제공하는 방식으로, 어떤 언어든지 하나의 문자를 16비트 즉, 2바이트로 표현한다.

자료형	크기	표현할 수 있는 범위
bool	8비트(1바이트)	'참(true)' 혹은 '거짓(false)'

오직 '참'과 '거짓'만을 따져야 하는 경우라면 **부울린**[Boolean] 형을 사용하는 것이 바람직하다. 메모리를 적게 사용한다는 장점과 함께 논리를 단순화할 수 있기 때문이다.

이제 이 네 가지 자료형을 사용하는 프로그램을 작성해 볼 것이다. 'Hello World' 프로그램 때와 같은 방식으로 새로운 프로젝트를 만들어 보자.

2.2

변수

변수^{variables}는 자료를 담는 '그릇'이며 '이름표'다. 프로그램이 실행되는 동안 자료는 메모리에 적재되는데, 이 자료에 접근하기 위해 변수를 사용하는 것이다. 마치 우리 모두에게 이름이 있는 것과 같이, 프로그램을 작성할 때도 각각의 자료에 이름을 붙여주어 필요할 때마다 접근할 수 있게 만드는 것이다.

변수의 선언과 값의 배정

변수의 선언은 다음과 같은 양식을 따른다.

```
자료형 변수명;

예    int x;

      double y;


자료형 변수명 = 값;

예    int x = 0;

      double y = 0.0;
```

앞에서 보는 바와 같이 변수를 선언할 때는 사용하려는 자료형을 먼저 써 주고, 그 뒤에 원하는 이름을 적어준다. 어떤 자료형을 사용하느냐에 따라 저장할 수 있는 자료의 종류와 사용할 수 있는 연산이 달라지기 때문에 자료형의 선택은 신중해야 한다.

변수를 선언할 때는 다음과 같이 선언과 값의 배정을 분리할 수도 있고

```
int x;      // 변수의 선언

x = 10;     // 값의 배정
```

변수를 선언하면서 동시에 값을 배정할 수도 있다.

```
int x = 10;
```

단, 모든 변수는 서로 다른 이름을 가지고 있어야 하며, 한 번 선언된 변수를 다시 선언하는 것은 허용되지 않는다.

```
코드 3

using System;

namespace VariablesDemo
{
    class Program
    {
        static void Main(string[ ] args)
        {
            string name = "홍길동";
            char exmark = '!';
            sbyte age;
            age = 20;

            Console.WriteLine("Hello " + name + exmark);
            Console.Write("You are " + age + " years old" + exmark);
        }
    }
}
```

앞 코드에서 몇 가지 눈여겨볼 것이 있다.

첫째, 문자열형으로 선언된 'name'에 값을 배정하기 위해 큰따옴표(" ")를 사용하고 있는 데 반해, 문자형 자료인 'exmark'에 값을 배정할 때는 작은따옴표(' ')를 사용하고 있다는 점이다. 즉, 문자열형과 문자형은 서로 다른 것으로, 자료의 입력 방법 역시 다르다. 반드시 지켜야 하는 규칙인 만큼 확실하게 기억하도록 하자.

둘째, 콘솔 화면에 문자(열)를 출력하는 명령어가 서로 달랐다는 사실이다. Console.WriteLine( )와 Console.Write( )가 그것인데, 이 둘의 차이점은 문자(열)를 출력한 후 커서에 위치에 있다. 'Console.Write( )'의 경우 출력한 문자(열) 바로 뒤에 커서가 위치하는 반면 'Console.WriteLine( )'는 출력을 마친 뒤 커서를 다음 줄로 이동시킨다.

셋째, 앞 프로그램에서는 영어뿐만 아니라 한국어도 사용하였다는 점이다. 이미 언급한 것처럼 닷넷은 유니코드를 사용하여 문자와 문자열을 표현하기 때문에 한글을 사용하기 위해 별도의 조치를 하지 않아도 된다.

넷째, 변수의 선언과 값의 배정 방법이다. 'name'과 'exmark'는 변수의 선언과 함께 값을 배정하고 있지만, 'age'의 경우에는 변수의 선언과 값의 배정을 따로 하고 있다. 이처럼 변수의 값을 배정하는 시점을 선택할 수 있는데, 어느 쪽을 선택하든 결과는 동일하다.

```
string name = "홍길동";
char exmark = '!';
sbyte age;
age = 20;
```

C#에서 하나의 기능을 수행하는 문장을 **명령문(statement)**이라고 하는데,
모든 명령문은 반드시 세미콜론(;)으로 끝나야 한다.
명령문에는 연산문, 선언문, 반복문, if 문, switch 문, break 문, continue 문 등
다양한 종류가 있다.

문자(열)을 출력한 후에 커서를 다음 줄로 이동하기 위해 C나 C++에서와 같이
'\n' 문자를 사용할 수도 있다. 즉, 다음 두 명령문은 같은 기능을 수행한다.
'\n'처럼 특별한 기능을 가진 문자를 **이스케이프 문자** 혹은 **이스케이프 시퀀스**라고
부른다.

```
Console.WriteLine("Hello World!");
Console.Write("Hello World!\n");
```

C#에서 사용할 수 있는 이스케이프 시퀀스 (일부)

\' – 홑따옴표 표기

\" – 곁따옴표 표기

\\ – 역슬래시 표기

\b – 백스페이스

\n – 새로운 줄도 커서 이동

\t – TAB 키를 누른 것만큼 커서를 이동

\r – 커서를 해당 줄의 맨 앞으로 이동

C#은 다양한 이스케이프 시퀀스를 제공하고 있는데, 이에 대해 더 많이 알고

싶다면 다음 링크를 참고하자.

http://devblogs.microsoft.com/csharpfaq/what-character-escape-sequences-are-available/

변수값 출력

문자열과 변수를 혼합하여 사용하는 방법은 〈코드 3〉에서와 같이 '+' 연산자를 사용하는 방식만 있는 것은 아니다. 다음과 같이 "(출력문)" 앞에 '$'를 삽입해주면 출력문 안에 '{변수명}'을 써주는 것만으로도 해당 변수의 값을 불러올 수 있다. 이를 interpolation이라고 부른다. 따라서 다음 두 코드는 같은 기능을 수행한다.

```
Console.WriteLine("Hello " + name + exmark);
= Console.WriteLine($"Hello {name}{exmark}");
```

그리고 다음과 같은 방법으로 문자열과 변수를 혼합할 수도 있는데, 이를 placeholder이라고 부른다.

```
Console.WriteLine("Hello {0}{1}", name, exmark);
```

다음 코드를 작성해서 실행해보면 placeholder가 작동하는 방식을 이해할 수 있을 것이다.

```csharp
using System;

namespace PlaceholderDemo
{
    class Program
    {
        static void Main(string[ ] args)
        {
            int x = 100;
            double y = 3.14;
            char z = 'A';

            // x, y, z 값을 출력한다.
            Console.WriteLine("{0}, {1}, {2}", x, y, z);

            // x, x, x 값을 출력한다.
            Console.WriteLine("{0}, {0}, {0}", x, y, z);

            // y, y, y 값을 출력한다.
            Console.WriteLine("{1}, {1}, {1}", x, y, z);

            // z, z, z 값을 출력한다.
            Console.WriteLine("{2}, {2}, {2}", x, y, z);

            // z, y, x 순서로 값을 출력한다.
            Console.WriteLine("{2}, {1}, {0}", x, y, z);
        }
    }
}
```

앞 코드에서 {숫자}는 뒤따르는 변수 중 몇 번째 변수 값을 가져올지 정하는데 사용한다. 이때 첫 번째 변수를 '0'으로 지칭한다.

이처럼 변수에 값을 출력하는 방식에는 여러 가지가 존재한다. 하지만 하나의 프로그램을 작성하는 동안에는 앞의 3가지 방법 중에서 한 가지만 사용할 것을 권한다. 프로그램의 코드가 단순하고 패턴화되어 있어야 나중에 어려움 없이 수정할 수 있기 때문이다.

또 다른 코드를 살펴보도록 하자.

코드 5

```
using System;

namespace Variables_2
{
    class Program
    {
        static void Main(string[ ] args)
        {
            int a = 10;
            double A = 10.5;

            // placeholder 방식이 아닌 interpolation 방식을 사용하고 있다.
            Console.WriteLine($"a = {a}");
            Console.WriteLine($"A = {A}");

            Console.ReadKey();
        }
    }
}
```

앞 코드에서 눈여겨볼 점은 정수형 자료를 받는 변수 'a'는 소문자, 실수형의 자료를 받는 변수 'A'는 대문자라는 사실이다. 이것을 통해 알 수 있는 중요한 규칙이 있는데, 변수명은 대소문자를 구별한다는 사실이다. 즉, 대소문자를 달리하는 변수를 C#에서는 서로 다른 것으로 인식한다.

변수명뿐만 아니라 C#에서 사용하는 모든 것은 대소문자를 구별한다.

그리고 앞 코드에서 새롭게 등장한 것이 바로 'Console.ReadKey( )'인데, 이것은 프로그램의 실행을 끝난 뒤에 사용자의 입력을 기다리도록 만들어준다. 즉, 사용자가 키보드를 통해 무언가 입력하기 전까지 콘솔 창을 떠나지 않고 대기 상태를 유지하는 것이다. 프로그램을 작성하면서 결과를 테스트해볼 때 화면이 너무 빨리 사라지지 않도록 하기 위해 자주 사용한다. 앞 코드를 실행해보면 Console.ReadKey( )가 어떤 역할을 하는지 바로 확인할 수 있을 것이다.

앞 코드는 단지 예시를 보여주기 위한 것일 뿐 좋은 코드라고 볼 수는 없다.
변수의 이름은 코드 작성자가 임의로 정할 수 있지만 관례상 몇 가지 규칙을 따르고 있다. 이런 관례상의 규칙에 맞춰 이름을 부여하는 것은 매우 중요한 습관이다.

변수명 규칙

하나의 프로그램에는 수많은 변수가 사용되는 것이 일반적이다. 때문에 각각의 변수가 무엇을 위해 선언한 것인지 일일이 기억하는 것은 사실상 불가능하다. 따라서 변수명은 나름대로 패턴을 정해 스스로 자신을 설명할 수 있고 쉽게 유추할 수 있도록 만들어야 한다. 변수명이 다소 길어지더라도 이것이 올바른 방법이다. 다음은 나쁜 변수명과 좋은 변수명의 예시를 보여준다.

나쁜 변수명 `int sisisi;`   `char James;`

좋은 변수명 `string userName;`   `int cardNumber;`

변수뿐만 아니라 상수, 함수, 클래스 등의 이름을 지을 때 역시 스스로 자신의 역할을 설명하도록 만들어야 하며, 이때 업계에서 주로 사용하는 관행을 따른다면 더 좋을 것이다. 여기서는 가장 일반적으로 사용하는 변수의 이름 규칙 3가지만 소개하도록 하겠다.

---

1. 변수명에는 줄임말보다 한번 보고 바로 이해할 수 있는 이름을 사용할 것

---

2. 변수명에는 밑줄^{underscore}(_)이나 하이픈^{hyphen}(—)을 사용하지 말 것

---

3. 변수명에는 단수형 명사를 사용하고, 여러 단어의 조합인 경우 camelCase를 사용할 것

PascalCase vs. camelCase

이름의 명명 규칙을 크게 'PascalCase'와 'camelCase'로 구분하는 데,
camelCase는 이름의 맨 첫 글자를 소문자로 쓰되 띄어쓰기를 해야 하는
단어의 첫 글자마다 대문자로 쓰는 것이고, PascalCase는 이름의 맨 첫
글자와 띄어쓰기를 해야 하는 단어의 첫 글자를 모두 대문자로 쓰는 것을
말한다.

camelCase 예시

userName, getProperty, customerID

PascalCase 예시

UserName, GetProperty, CustomerID

그렇다면 변수 이외의 객체들은 어떤 이름 규칙을 따르고 있을까? 다음
표는 변수와 상수, 클래스, 메소드(함수) 등의 이름을 지을 때 일반적으로
지켜지는 관행을 보여준다.

C#의 이름 짓기 관행

객체명	표기법	단복수	최대 길이	축약	사용 문자	밑줄(_)이나 하이픈(-)
변수	camelCase	단수	50	Yes	[A-z][0-9]	No
상수	모두 대문자	단수	50	No	[A-z][0-9]	No
함수(메소드)	PascalCase	복수	128	No	[A-z][0-9]	No
인수	camelCase	복수	128	Yes	[A-z][0-9]	No
객체명	camelCase	복수	50	Yes	[A-z][0-9]	Yes
필드(함수 내 변수)	camelCase	복수	50	Yes	[A-z][0-9]	Yes
클래스	PascalCase	단수	128	No	[A-z][0-9]	No
생성자, 소멸자	PascalCase	단수	128	No	[A-z][0-9]	No
프로퍼티	PascalCase	복수	50	Yes	[A-z][0-9]	No
델리케이트	PascalCase	단수	128	Yes	[A-z]	No
열거형	PascalCase	복수	128	No	[A-z]	No

2.3

사용자 입력받기와 형 변환

사용자 입력받기

대부분 프로그램은 단순한 계산만을 목적으로 하지 않는다. 사용자의 입력을 받고 이를 가공하여 사용자가 원하는 형태의 결과물을 반환할 수 있어야 한다. 이를 위한 첫 번째 단계는 당연히 사용자의 입력을 받는 것일 텐데, C#에서는 'Console.ReadLine( )' 함수를 사용한다.

다음 코드를 실행하면 사용자가 입력한 값을 받 출력하게 된다. 단, C#에서는 사용자의 입력을 오직 '문자열'로만 받아들이기 때문에, 문자열이 아닌 사용자의 입력을 받으려면 자료형을 변환해주어야 한다.

```
static void Main(string[ ] args)
{
    Console.Write("이름을 입력하세요:  ");
    string name = Console.ReadLine( );

    Console.WriteLine($"반갑습니다. {name}씨");
}
```

형 변환 1 : Convert.ToXXX( ) 함수

개발자마다 선호하는 방식이 다를 수 있지만, 자료형을 변환하는 데 가장 많이 사용하는 것은 아마도 Convert.ToXXX( ) 함수일 것이다. Convert.ToChar( ), Convert.ToInt32( ), Convert.ToDouble( ), Convert. ToBoolean( ) 등 다양한 형태로 존재하는데, 자신이 결과값으로 원하는 자료형을 'To' 뒤에 써주게 된다.

특히, 정수형의 경우에는 어떤 크기(메모리 크기)의 정수형을 사용하느 냐에 따라 Convert.ToInt16( ), Convert.ToInt32( ), Convert.ToInt64( ) 3가지 중에 선택할 수 있다. 그냥 Convert.ToInt( ) 라고만 쓰는 것은 허용되지 않으며, C#에서 기본으로 사용하는 크기는 32bit 형 즉, Convert. ToInt32( )다.

Convert.ToFloat( )는 존재하지 않는다.

대신 Convert.ToSingle( )이 float 형으로의 자료 변환에 사용된다.

코드 7

```
static void Main(string[ ] args)
{
    string ageString;
    int sum;

    Console.Write("당신의 나이를 입력하세요:  ");
    ageString = Console.ReadLine( );


    sum = ageString + 1;

    Console.WriteLine($"당신의 나이에 한 살을 더하면 {sum}살이 됩니다.");
}
```

앞 코드를 실행하면 다음과 같은 오류가 발생한다.

화면 하단의 '오류 목록'을 보면, "CS0029 암시적으로 'string' 형식을 'int' 형식으로 변환할 수 없습니다." 라는 메시지를 볼 수 있는데, 이 메시지를 더블클릭하면 오류를 일으켰던 코드로 커서가 이동한다.

오류가 발생한 이유는 'sum = ageString + 1' 때문인데, 문자열형 변수인 'ageString'에 산술연산을 한 뒤 이를 정수형 변수인 'sum'에 넣으려했던 것이 문제였다. 그래서 "string 형식(ageString)을 int 형식(sum)으로 변환할 수 없습니다." 라는 메시지가 나타난 것이다. 당연한 얘기지만, 문자열형 자료에 덧셈이나 뺄셈 같은 산술연산을 하는 것은 허용되지 않는다. 따라서 해당 코드를 수정해주어야 프로그램을 정상적으로 컴파일할 수 있다.

앞 코드를 다음과 같이 바꾸어 보자.

```
코드 8

static void Main(string[ ] args)
{
    string ageString;
    int sum;
    int ageInt;

    Console.Write("당신의 나이를 입력하세요:   ");
    ageInt = Convert.ToInt32(Console.ReadLine());

    sum = ageInt + 1;

    Console.WriteLine($"당신의 나이에 한 살을 더하면 {sum}살이 됩니다.");
}
```

형 변환 2 : Parse( ) 함수와 ToString( ) 함수

사용자 입력의 형을 변환하는 방법은 Convert.ToXXX( ) 함수뿐일까? 그렇지 않다. 문자열형 자료를 숫자형으로 바꾸는 데 사용하는 'Parse( )' 함수와, 숫자형 자료를 문자열형으로 바꾸어주는 'ToString( )' 함수가 있다. 특히 Parse( ) 함수를 이용하면 Convert.ToXXX처럼 사용자의 입력을 곧바로 변환할 수 있어 편리하다.

```csharp
static void Main(string[ ] args)
{
    // Parse( ) 함수는 문자열 자료를 숫자형으로 변환한다.
    Console.Write("숫자를 입력하세요:   ");
    int i = int.Parse(Console.ReadLine( ));

    Console.Write("숫자를 입력하세요:   ");
    double d = double.Parse(Console.ReadLine( ));

    Console.WriteLine("i = {0}", i);
    Console.WriteLine("d = {0}", d);

    // ToString( ) 함수는 숫자형 자료를 문자열 자료로 변환한다.
    string strInt = i.ToString( );
    string strDouble = d.ToString( );

    Console.WriteLine("strInt = {0}", strInt);
    Console.WriteLine("strDouble = {0}", strDouble);
}
```

int.Parse(Console.ReadLine( ))는 Convert.ToInt32(Console.ReadLine( ))와 같은 기능을 수행하며, 같은 원리로 double.Parse( )와 Convert.ToDouble( ) 역시 같은 기능을 수행한다. 뿐만 아니라, 숫자형 자료 이외에 char.Parse( )처럼 '문자' 형 자료를 다룰 때도 사용할 수 있으며, char.Parse( )는 Convert.ToChar( )과 같은 기능을 수행한다.

형 변환 3 : 캐스팅 연산자

형 변환을 하는 또 다른 방법은 **캐스팅 연산자**casting operator를 사용하는 것이다. 사실 가장 간단한 방법이라고 할 수 있는데, 자신이 원하는 자료형을 단지 괄호( ) 안에 명시해주기만 하면 된다. 이때 괄호와 그 안에 적어준 자료형을 통틀어 **캐스팅 연산자**라고 부른다.

```
코드 10

static void Main(string[ ] args)
{
    int i = 10;
    double d = 0.1;

    Console.WriteLine("캐스팅 전, i = {0}", i);
    Console.WriteLine("캐스팅 전, d = {0}", d);

    // (double)부분을 캐스팅 연산자라고 한다.
    d = (double) i;
    Console.WriteLine("캐스팅 이후, d = {0}", d);

    i = (int) d;
    Console.WriteLine("캐스팅 이후, i = {0}", i);

    char chr = 'C ';

    i = (int) chr;
    d = (double) chr;
    Console.WriteLine("캐스팅 이후, i = {0}", i);
    Console.WriteLine("캐스팅 이후, d = {0}", d);
```

```
// float 타입은 배정되는 값 뒤에 'f'라고 써주어야 한다.
float flt = 0.0001f;

i = (int) flt;
d = (double) flt;
Console.WriteLine("캐스팅 이후, i = {0}", i);
Console.WriteLine("캐스팅 이후, d = {0}", d);
}
```

앞에서 보는 것처럼, 캐스팅 연산자를 사용하면 자료형 간의 변환을 손쉽게 할 수 있다. 다만, 캐스팅 연산자는 문자열 string 을 대상으로 사용할 수 없으므로 사용자의 입력을 변환하는 방식으로 사용하기에는 적당치 않다.

2.4

상수

변수variable는 프로그램이 실행되는 동안 그 값이 변할 수 있다. 정확히 말하면 변하는 값을 추적, 관리하는 것이 변수의 역할이다. 하지만 프로그램이 구동하는 동안 값이 변하지 않아야 하는 경우도 분명 있을 것이다. 예를 들어, 수학에 사용되는 '원주율'은 항상 고정된 값이고, 엠파이어 스테이트 빌딩의 높이가 381m라는 사실 역시 사용자의 의지와 상관없이 변하지 않는 값이다. 이처럼 값이 변하지 않아야 하는 데이터는 '변수'가 아닌 상수constant로 선언하는 것이 바람직하다.

상수의 선언은 다음과 같은 구문 규칙을 따른다.

```
const 자료형 상수명 = 값;
```

또한 변수와 달리 상수는 선언하는 시점에 값을 배정해야 한다. 따라서 다음과 같이 상수의 선언과 값의 배정을 분리하면 오류가 발생한다.

```
const int AGE;        // 오류 발생
AGE = 22;
const int AGE = 22;   // 오류 해결
```

다음 프로그램은 상수를 사용한 예시를 보여준다. 원의 반지름은 사용자의 입력에 따라 변할 수 있지만, 원주율은 '3.14'로 항상 고정된 값을 가지며, 이것을 사용자가 임의로 바꾸는 방법은 제공하지 않는다.

```
코드 11

static void Main(string[ ] args)
{
    const double PI = 3.14;

    Console.Write("원의 반지름을 입력하세요:  ");
    double radius = Convert.ToDouble(Console.ReadLine( ));

    double area = radius * radius * PI;

    Console.WriteLine($"주어진 원의 넓이는 {area}입니다.");
}
```

앞에서 보이는 'PI'처럼 상수의 이름은 이름 전체를 대문자로 쓰는 것이 관행이다.

2.5

주석

주석^{comment}은 프로그램의 코드에 설명을 추가하는 것을 말한다. 주석을 통해 각각의 코드가 어떤 역할을 하는지 설명할 수 있는데, 이는 공동 작업을 하는 다른 개발자뿐만 아니라 프로그램을 작성한 본인에게도 큰 도움을 준다. 자신이 만든 프로그램일지라도 각각의 코드가 어떤 목적으로 왜 그렇게 만들어졌는지 일일이 기억하는 것은 사실상 불가능하기 때문이다. 따라서 지나치다 싶을 정도로 주석을 다는 것은 좋은 습관이다.

C#은 다음 두 종류의 주석을 제공한다.

// : 한 줄 주석

예 `Console.WriteLine("Hello World!");` // Hello World! 출력 문장

/* */ : 여러 줄에 걸친 주석

예 /* 화면에 Hello World! 라는 문장을 출력하는 문장으로

거서의 위치를 고려하여 Write 대신 WriteLine 함수를 사용함 */

주석으로 처리된 부분은 컴파일 과정에서 자동으로 제외되기 때문에 프로그램의 일부로 간주하지 않는다. 따라서 아무리 주석을 많이 달더라도 프로그램의 실행이나 최종 크기에는 영향을 주지 않는다.

〈코드.11〉에서 작성한 프로그램에 주석을 추가해보자.

코드 12

```
static void Main(string[ ] args)
{
    // 상수를 선언하고 있다.
    const double PI = 3.14;
```

```csharp
/* 사용자의 입력을 제곱한 값과 PI 값을 곱한 후
   결과값을 area 변수에 저장할 것이다. */
Console.Write("원의 반지름을 입력하세요:  ");
double radius = Convert.ToDouble(Console.ReadLine( ));
double area = radius * radius * PI;

// 결과값을 출력한다.
Console.WriteLine($"주어진 원의 넓이는 {area}입니다.");
}
```

2.6.

산술 연산자

산술 연산자 종류

모두가 알다시피 컴퓨터의 기본 기능은 **계산**이다. 따라서 C#을 포함한 모든 프로그래밍 언어는 수치 계산을 구현하는 데 필요한 기능을 충분히 제공하고 있다.

연산자	우선순위	표기	예시
더하기	2	+	num = x + y;
빼기	2	–	num = x – y;
곱하기	1	*	num = x * y;
나누기	1	/	num = x / y;
나머지 계산	1	%	num = x % y;

기본적인 산술 연산자에는 5가지가 있다. 어떻게 작동하는지 확인하기 위해 직접 코드를 작성해보자.

코드 13

```
static void Main(string[ ] args)
{
    int x = 10;
    int y = 3;

    int a = x + y;
    int b = x - y;
    int c = x * y;

    double d = x / y;
    double e = y / x;
    double f = x % y;
    double g = y % x;

    Console.WriteLine("x = {0}", x);
    Console.WriteLine("y = {0}", y);

    Console.WriteLine();  // 빈 줄 삽입

    Console.WriteLine("x + y = {0} + {1} = {2}", x, y, a);
    Console.WriteLine("x - y = {0} - {1} = {2}", x, y, b);
    Console.WriteLine("x * y = {0} * {1} = {2}", x, y, c);
    Console.WriteLine("x / y = {0} / {1} = {2}", x, y, d);
    Console.WriteLine("y / x = {0} / {1} = {2}", y, x, e);
    Console.WriteLine("x % y = {0} % {1} = {2}", x, y, f);
    Console.WriteLine("y % x = {0} % {1} = {2}", y, x, g);
}
```

앞 코드를 컴파일해 실행해보면 출력값이 모두 정수형인 것을 알 수 있다. 그 이유는 변수 'x'와 'y'를 모두 정수형으로 선언해주었기 때문이다. 즉, 결과값을 받는 변수(d, e, f, g)를 실수형(double)으로 선언했다 하더라고 피연산자가 정수형이면 반환되는 값 역시 정수형이 되는 것이다.

실수형의 결과값을 원한다면 'x'와 'y'를 실수형으로 선언해주어야 한다. 단, 이 경우에 연산 후 반환되는 값을 정수형 변수(a, b, c)에 배정하면 오류가 발생한다. 소수점을 포함하는 실수형(double)이 정수형(int)의 데이터보다 더 큰 메모리 공간을 사용하기 때문이다.

다음과 같이 코드를 수정한 뒤 실행하여 결과값을 비교해보자.

코드 14

```
static void Main(string[ ] args)
{
    double x = 10;
    double y = 3;

    double a = x + y;
    double b = x - y;
    double c = x * y;

    double d = x / y;
    double e = y / x;
    double f = x % y;
    double g = y % x;
```

```
Console.WriteLine("x = {0}", x);
Console.WriteLine("y = {0}", y);

Console.WriteLine( );   // 빈 줄 삽입

Console.WriteLine("x + y = {0} + {1} = {2}", x, y, a);
Console.WriteLine("x - y = {0} - {1} = {2}", x, y, b);
Console.WriteLine("x * y = {0} * {1} = {2}", x, y, c);
Console.WriteLine("x / y = {0} / {1} = {2}", x, y, d);
Console.WriteLine("y / x = {0} / {1} = {2}", y, x, e);
Console.WriteLine("x % y = {0} % {1} = {2}", x, y, f);
Console.WriteLine("y % x = {0} % {1} = {2}", y, x, g);
}
```

정수형 자료와 실수형 자료 사이의 산술연산이 아예 불가능한 것은 아니다. 결과값을 취하는 변수가 실수형이라면 연산이 가능하다. 어떤 자료형이 더 큰 메모리 공간을 사용하는지 생각해보면 이해하기 쉬울 것이다.

```
int x = 10;

double y = 3.3;


int z = x * y;

double z = x * y;
```

변수를 정수형으로 선언한 뒤 나눗셈을 하면 나머지는 버려지며,

반올림은 하지 않는다.

산술 연산자 우선순위

산술 연산자의 경우, 일반 수학에서와 마찬가지로 곱셈, 나눗셈이 덧셈이나 뺄셈보다 더 높은 우선순위를 가지며, 나머지 계산^{modulus}은 곱셈, 나눗셈과 같은 우선순위를 가진다.

즉, 'x = 5 + 4 * 3'의 경우, '4 * 3'을 먼저 계산한 뒤에 '5'가 더해진다. 따라서 결과값은 '17'이다. 그러나 'y = 5 * 4 + 3'의 경우, '5 * 4'를 먼저 계산한 뒤에 '3'이 더해지기 때문에 결과값은 '23'이 된다. 'z = 5 * 4 % 3'의 경우에는 연산자의 우선순위가 모두 같기 때문에 왼쪽부터 순차적으로 계산하고, 따라서 결과값은 '2'가 된다.

이러한 우선순위는 일반 수학에서와 마찬가지로 '괄호( )'를 이용하여 변경할 수 있다. 괄호에 의해 묶인 부분이 다른 부분보다 먼저 계산되어 진다.

    a = (5 + 4) * 3
    이 경우 5와 4을 먼저 더한 뒤에 3을 곱하고, 결과값은 27이 된다.

    b = 5 * (4 + 3)
    이 경우 4와 3를 먼저 더한 뒤에 5를 곱한다. 결과값은 35가 된다.

    c = 5 * (4 % 3)
    이 경우 4 모듈러스 3을 먼저 계산한 뒤에 5를 곱기 때문에 결과값은 5가 된다.

다음 프로그램을 통해 각 연산의 결과값이 어떻게 다른지 확인해 보자.

```
static void Main(string[ ] args)
{
    Console.WriteLine("5 - 4 + 3 = {0}", 5 - 4 + 3);         // 주어진 순서대로 계산한다.
    Console.WriteLine("(5 - 4) + 3 = {0}", (5 - 4) + 3);     // 괄호를 먼저 계산한다.
    Console.WriteLine("5 - (4 + 3) = {0}", 5 - (4 + 3));     // 괄호를 먼저 계산한다.

    Console.WriteLine( );

    Console.WriteLine("5 + 4 * 3 = {0}", 5 + 4 * 3);         // 곱셈을 먼저 계산한다.
    Console.WriteLine("(5 + 4) * 3 = {0}", (5 + 4) * 3);     // 괄호를 먼저 계산한다.
    Console.WriteLine("5 + (4 * 3) = {0}", 5 + (4 * 3));     // 괄호를 먼저 계산한다.

    Console.WriteLine( );

    Console.WriteLine("5 / 4 - 3 = {0}", 5 / 4 - 3);         // 나눗셈을 먼저 계산한다.
    Console.WriteLine("(5 / 4) - 3 = {0}", (5 / 4) - 3);     // 괄호를 먼저 계산한다.
    Console.WriteLine("5 / (4 - 3) = {0}", 5 / (4 - 3));     // 괄호를 먼저 계산한다.

    Console.WriteLine( );

    Console.WriteLine("5 + 4 % 3 = {0}", 5 + 4 % 3);         // 나머지를 먼저 계산하다.
    Console.WriteLine("(5 + 4) % 3 = {0}", (5 + 4) % 3);     // 괄호를 먼저 계산한다.
    Console.WriteLine("5 + (4 % 3) = {0}", 5 + (4 % 3));     // 괄호를 먼저 계산한다.
}
```

컴파운드 연산자

지금까지 사용했던 '대입 연산자(=)'는 오른쪽의 값을 왼쪽 변수에 전달하는 역할을 했다. C#에서는 여기에 더해 **컴파운드 연산자**^{compound operator}라는 것을 제공하는데, 이는 산술 연산자와 대입 연산자(=)를 줄여 쓴 형태라고 이해하면 된다.

말로 설명하는 것보다 코드를 통해 직접 확인해 보는 것이 빠를 것이다.

```
코드 16

static void Main(string[ ] args)
{
    int num = 10;

    num += 2;   // num = num + 2; 와 같음, 결과값은 12가 될 것이다.
    Console.WriteLine(num);

    num -= 10;   // num = num - 10; 과 같음, 결과값은 2가 될 것이다.
    Console.WriteLine(num);

    num *= 5;   // num = num * 5; 와 같음, 결과값은 10이 될 것이다.
    Console.WriteLine(num);

    num /= 2;   // num = num / 2; 와 같음, 결과값은 5가 될 것이다.
    Console.WriteLine(num);

    num %= 2;   // num = num % 2; 와 같음, 결과값은 1이 될 것이다.
    Console.WriteLine(num);
}
```

증감 연산자

컴파운드 연산자만큼 많이 사용하는 것이 **증감 연산자**increment and decreme1nt operator다. 증감연산자는 변수에 저장된 값에 정수값 '1'을 더하거나 빼는데, 이 증감연산자는 반복문을 구성할 때 특히 유용하게 사용한다.

```
x++;

x--;
```

다음 코드를 통해 증감연산자가 어떻게 작동하는지 살펴보자.

```
코드 17

static void Main(string[ ] args)
{
    double dNum = 0.1;
    int iNum = 2;

    dNum++;
    Console.WriteLine(dNum);   // 이 경우 결과값은 '1.1'이 될 것이다.

    iNum--;
    Console.WriteLine(iNum);   // 이 경우 결과값은 '1'이 될 것이다.

    Console.WriteLine(dNum.GetTypeCode( ));
    Console.WriteLine(iNum.GetTypeCode( ));
}
```

앞 코드를 통해 알 수 있듯이 증감 연산자는 정수값 '1'을 더하거나 빼준다. 하지만 증감을 하더라도 최초에 선언한 자료형에는 변화가 일어나지 않는다. 즉, 정수형 자료는 증감이 일어나더라도 여전히 정수형을 유지하고, 실수형 자료는 정수값 '1'이 증가하든 감소하든 여전히 실수형을 유지한다.

변수명.GetTypeCode( ) 함수를 통해 해당 변수의 자료형이 무엇인지 확인할 수 있다.

예) dNum.GetTypeCode( );

예) iNum.GetTypeCode( );

증감 연산자를 사용할 때 주의해야 할 점은 다음 두 연산식이 다르다는 사실이다.

```
변수명++;

++변수명;
```

증감 연산자는 앞과 같이 두 가지 방식으로 사용할 수 있는데, 이 둘은 연산 방식이 서로 다르므로 잘못 사용하는 경우 심각한 계산 오류를 일으킬 수 있다. 어떤 차이가 있는 것일까? 다음을 보자.

'변수명++'의 경우, 일단 값을 넘겨준 뒤에 증가 연산을 수행한다.

```
int xNum = 10;

xNum = xNum++;
```

```
Console.WriteLine(xNum);
```

'++변수명'의 경우, 먼저 증가 연산을 수행한 후에 결과값을 넘겨준다.

```
int yNum = 10;

yNum = ++yNum;

Console.WriteLine(yNum);
```

이는 감소연산자에도 똑같이 적용된다.

'변수명--'의 경우, 일단 값을 넘겨준 뒤에 감소 연산을 수행한다.

```
int aNum = 10;

aNum = aNum--;

Console.WriteLine(aNum);
```

'--변수명'의 경우, 먼저 감소 연산을 수행한 후에 결과값을 넘겨준다.

```
int bNum = 10;

bNum = --bNum;

Console.WriteLine(bNum);
```

각각의 연산이 어떻게 다른지 직접 확인하기 위해서 다음 코드를 작성한
뒤 실행해보자.

코드 18

```
static void Main(string[ ] args)
{
    int xNum = 10;

    xNum = xNum++;
    Console.WriteLine($"xNum++ = {xNum}");

    int yNum = 10;

    yNum = ++yNum;
    Console.WriteLine($"++yNum = {yNum}");

    int aNum = 10;

    aNum = aNum--;
    Console.WriteLine($"aNum-- = {aNum}");

    int bNum = 10;

    bNum = --bNum;
    Console.WriteLine($"--bNum = {bNum}");
}
```

CHAPTER

{
3
}

C# 문법 2 : 흐름 제어

3.1

조건문

주어진 조건을 검사해서 결과값이 참(true)인 경우에만 코드를 실행하는 연산문을 **조건문**conditional statement이라고 부르는데, C#에서는 크게 if 문, switch 문, try-catch 문 3가지를 제공한다. 이번 장에서는 if 문과 switch 문 두 가지만 설명하고, try-catch 문은 다른 장에서 따로 공부할 것이다.

if 문

if 문은 주어진 조건이 참인 경우에만 주어진 코드 블럭을 실행한다. 즉, 주어진 조건이 거짓(false)인 경우에는 해당 코드가 전혀 실행되지 않는다는 뜻이다. 이러한 if 문의 시작과 끝은 반드시 중괄호 { }로 감싸주어야 하며, 이렇게 중괄호에 의해 묶인 명령문의 집합을 **코드 블럭**이라고 부른다.

```
if (조건식)

{

    statement(s);

}


else

{

    statement(s);

}
```

앞에서 보는 것처럼 if 문 뒤에는 else 문이 존재할 수 있는데, if 문에 제시된 조건이 '거짓'인 경우 단순히 if 문을 빠져나오는 대신 else 문이 작동하게 만드는 것이다. 그러나 if 문의 조건이 '참'인 경우 else 문은 작동하지 않는다. else 문이 if 문과 다른 점은, if 문의 경우 반드시 조건식을 가져야 하는 데 비해, else 문은 별도의 조건식을 가지지 않는다는 것이다. 또한 else 문은 선택사항이다. 즉, 필요하지 않다면 작성하지 않아도 된다는 뜻이다.

```
static void Main(string[ ] args)
{
    int x = 0;
    int y = 0;

    Console.Write("숫자를 입력하세요: ");
    x = Convert.ToInt32(Console.ReadLine( ));

    Console.Write("또 다른 숫자를 입력하세요: ");
    y = Convert.ToInt32(Console.ReadLine( ));

    Console.WriteLine( );

    if (x > y)
    {
        Console.WriteLine("먼저 입력한 숫자가 더 큽니다.");
    }

    else
    {
        Console.WriteLine("나중에 입력한 숫자가 더 큽니다.");
    }
}
```

앞 코드에는 한 가지 문제점이 있다. 처음 입력한 값과 나중에 입력한 값이 똑같은 경우에는 앞 코드의 조건문만으로는 해결할 수 없다. 이때 사용할 수 있는 것이 else if 문이다. else if 문은 if 문의 조건이 '거짓'인 경우 바로 else 문으로 넘어가기보다, 혹시 또 다른 조건에 부합하는지 확인하기 위해 사용한다. 따라서 if 문과 마찬가지로 else if 문도 자신만의 조건식을 반드시 가져야 한다.

```
static void Main(string[ ] args)
{
    int x = 0;
    int y = 0;

    Console.Write("숫자를 입력하세요: ");
    x = Convert.ToInt32(Console.ReadLine( ));

    Console.Write("또 다른 숫자를 입력하세요: ");
    y = Convert.ToInt32(Console.ReadLine( ));

    Console.WriteLine( );

    if (x > y)
    {
        Console.WriteLine("먼저 입력한 숫자가 더 큽니다.");
    }

    else if (x == y)
    {
        Console.WriteLine("같은 숫자를 입력했습니다.");
    }

    else
    {
        Console.WriteLine("나중에 입력한 숫자가 더 큽니다.");
    }
}
```

else 문은 if 문이나, else if 문의 뒤에만 올 수 있다.

그리고 else if 문은 if 문 뒤에서만 사용할 수 있다.

순서를 바꾸는 것은 허용되지 않는다.

하나의 if 문 아래 몇 개의 else if 문이 존재할 수 있는지에 대한 제한은 없
다. 〈if → else if → else〉의 순서를 지키기만 하면 else if 문은 필요한 만
큼 사용할 수 있다. 다음 프로그램은 else if 문이 어떻게 사용되는지 잘 보
여주고 있다.

코드 21

```csharp
static void Main(string[ ] args)
{
    Console.Write("What is your grade on C# test?  ");
    char grade = Convert.ToChar(Console.ReadLine( ).ToUpper( ));

    if (grade == 'A')
    {
        Console.WriteLine("Excellent!");
    }

    else if (grade == 'B')
    {
        Console.WriteLine("Good job!");
    }

    else if (grade == 'C')
    {
        Console.WriteLine("You're passed.");
    }

    else if (grade == 'D')
    {
        Console.WriteLine("You should have studied harder.");
    }
```

```
else if (grade == 'F')
{
    Console.WriteLine("You're failed.");
}

else
{
    Console.WriteLine("You made a wrong input.");
}
}
```

앞 코드에서 char grade = Convert.ToChar(Console.ReadLine().ToUpper());

부분에 'ToUpper()'이라는 새로운 함수가 사용된 것을 볼 수 있는데,

이 함수는 사용자의 입력을 모두 대문자로 변환할 때 사용한다.

따라서 사용자가 '학점'을 소문자로 입력하든 대문자로 입력하든 상관 없다.

왜냐하면 어차피 모두 대문자로 변환될 것이기 때문이다. 이런 역할을 수행하는

함수에는 다음 3가지가 있는데, 이들 함수는 문자열에만 적용할 수 있다.

ToUpper() : 문자열의 모든 글자를 대문자로 변환한다.

ToLower() : 문자열의 모든 글자를 소문자로 변환한다.

ToTitleCase() : 각 단어의 첫 글자를 대문자로 변환하고 나머지 글자는 모두

소문자로 변환한다.

Switch 문

주어진 조건에 따라 서로 다른 연산을 실행할 수 있는 것은 if 문뿐만이 아니다. switch 문을 이용해도 조건에 따라 서로 다른 연산을 수행하도록 만들 수 있다. switch 문으로 만들 수 있는 코드는 대부분 if 문으로도 만들 수 있지만, if 문에 비해 가독성이 좋기 때문에 자주 사용한다. 다음 프로그램은 〈코드. 21〉에서 만들었던 프로그램을 switch 문으로 다시 구성한 것이다.

```
코드 22

static void Main(string[ ] args)
{
    Console.Write("What is your grade on C# test?  ");
    char grade = Convert.ToChar(Console.ReadLine( ).ToUpper( ));

    switch (grade)
    {
        case 'A':
            Console.WriteLine("Excellent!");
            break;

        case 'B':
            Console.WriteLine("Good job!");
            break;

        case 'C':
            Console.WriteLine("You're passed.");
            break;
```

```
case 'D':
    Console.WriteLine("You should have studied harder.");
    break;

case 'F':
    Console.WriteLine("You're failed.");
    break;

default:
    Console.WriteLine("You made a wrong input.");
    break;
    }
}
```

switch 문 안에는 반드시 case 문이 있어야 하며, 각각의 case 문은 조건을 제시한 후에 콜론(:)으로 끝나야 한다. 또한 각각의 case 문은 반드시 break 명령어를 가져야 한다. break 명령어는 switch 문의 종료를 뜻한다. 즉, 제시된 조건 중 어느 하나라도 만족하면 break문을 실행한 뒤 전체 코드 블럭에서 빠져나오게 만드는 것이다. 만약 break를 넣지 않으면 오류가 발생한다.

switch 문 안의 'default'는 필수가 아니다.

이는 case 문에 제시된 조건 중 어떤 것에도 만족하지 않을 때 실행하는 코드로,

if 문에서의 else와 같은 기능을 수행한다.

switch 문을 사용하는 또 다른 예시를 살펴보자.

```
코드 23

static void Main(string[ ] args)
{
    Console.Write("1~9 범위의 수를 입력하시오: ");
    int x = int.Parse(Console.ReadLine( ));

    switch (x)
    {
        case 1:
        case 2:
        case 3:
            Console.WriteLine($"{x}은(는) 낮은 범위의 수입니다.");
            break;

        case 4:
        case 5:
        case 6:
            Console.WriteLine($"{x}은(는) 중간 범위의 숫자입니다.");
            break;

        case 7:
        case 8:
        case 9:
            Console.WriteLine($"{x}은(는) 높은 범위의 숫자입니다.");
            break;

        default:
            Console.WriteLine($"{x}은(는) 잘못된 입력입니다.");
            break;
    }
}
```

앞 코드에서 case 1, 2에는 실행할 명령문이 없고 오직 case 3에만 명령문이 주어져 있다. case 4, 5, 6과 case 7, 8, 9도 같은 구성을 가지는데, 이런 식으로 코드를 구성하면 1, 2, 3을 똑같은 조건으로, 4, 5, 6을 똑같은 조건으로, 그리고 7, 8, 9를 똑같은 조건으로 간주한다. 즉, 사용자의 입력이 1부터 3의 범위인 경우 모두 case 3을 실행하고, 4부터 6 사이라면 case 6을, 7에서 9 사이의 입력값을 받은 경우에는 case 9의 코드를 실행한다.

switch 문의 강점은 주어지는 조건이나 이에 반응하는 코드를 좀 더 다양하게 만들 수 있다는 점이다. 응용을 할 수 있는 범위가 상당하므로 여기서 다 설명하는 것이 불가능할 정도다.

Google에서 'switch in C#'을 검색하여 다양한 예시를 직접 확인해볼 것을 추천한다.

3.2

비교 연산자

if 문을 공부하면서 우리는 서로 다른 변수값의 크기를 비교했다. 이렇게 서로 다른 데이터값의 크기를 비교할 때 사용하는 것이 **비교 연산자**comparison operator인데, 비교 연산자는 특히 if 문이나 while 문과 같은 반복문에서 유용하게 사용한다. 주어진 조건의 '참'과 '거짓' 여부만 확인하므로 비교 연산자의 결과값은 항상 부울린형 즉, '참'과 '거짓' 둘 중 하나가 된다.

연산자	의미	사용 예시	결과값 예시
>	(우측)보다 (좌측)이 큰 값인가?	if (7 > 4)	true
<	(우측)보다 (좌측)이 작은 값인가?	if (7 < 4)	false
>=	(우측)보다 (좌측)이 크거나 같은 값인가?	if (7 >= 7)	true
<=	(우측)보다 (좌측)이 작거나 같은 값인가?	if (7 <= 9)	true
==	(우측)과 (좌측)이 서로 같은 값인가?	if (7 == 9)	false
!=	(우측)과 (좌측)이 서로 다른 값인가?	fi (7 != 9)	true

코드 24

```csharp
static void Main(string[ ] args)
{
    double lengthWidth;
    double lengthHeight;

    Console.Write("가로의 길이를 입력하세요: ");
    lengthWidth = Convert.ToDouble(Console.ReadLine( ));

    Console.Write("세로의 길이를 가로보다 작은 수로 입력하세요: ");
    lengthHeight = Convert.ToDouble(Console.ReadLine( ));

    if (lengthWidth > lengthHeight)
    {
        Console.WriteLine("올바른 입력입니다.");
    }

    else if (lengthWidth < lengthHeight)
    {
        Console.WriteLine("오류! 가로보다 세로의 길이가 깁니다.");
    }
```

```
        else
        {
            Console.WriteLine("오류! 가로의 길이와 세로의 길이가 같습니다.");
        }
    }
```

앞 코드는 다음과 같은 방법으로 구성할 수도 있다.

코드 25

```
static void Main(string[ ] args)
{
    double lengthWidth;
    double lengthHeight;

    Console.Write("가로의 길이를 입력하세요: ");
    lengthWidth = Convert.ToDouble(Console.ReadLine( ));

    Console.Write("세로의 길이로 더 작은 수를 입력하세요: ");
    lengthHeight = Convert.ToDouble(Console.ReadLine( ));

    if (lengthWidth >= lengthHeight)
    {
        if (lengthWidth > lengthHeight)
        {
            Console.WriteLine("올바른 입력입니다.");
        }
```

```
        else
        {
            Console.WriteLine("오류! 가로의 길이와 세로의 길이가 같습니다.");
        }
    }

    else
        Console.WriteLine("오류! 가로의 길이가 세로의 길이보다 짧습니다.");
}
```

앞 코드처럼 if 문 안에 다시 if 문을 삽입하는 것을 **중첩 if 문**[nested if]이라고
부른다. 중첩 if 문을 어느 깊이까지 사용할 수 있는지에 대한 제한은 없
다. 즉, 원하는 만큼 겹쳐서 사용할 수 있다는 뜻이지만, 너무 깊은 중첩 if
문은 코드의 가독성을 떨어뜨리기 때문에 좋지 않은 코딩 습관이라 할 수
있다.

한 가지 더 눈여겨 볼 것은, 마지막의 else 문에 중괄호{ }가 없었다는 점
이다. 이처럼 한 줄짜리 명령문은 중괄호{ }를 사용하지 않을 수도 있다.
하지만 이 역시 좋지 않은 코딩 습관이다. 한 줄짜리 명령문이라도 반드
시 중괄호{ }를 사용하도록 하자.

3.3 반복문

주어진 조건이 '참'일 때 한 번만 실행하는 조건문과 달리, 반복문을 사용하면 조건이 '참'인 동안 제시한 명령문을 반복해서 실행한다. C#에서는 while 문, do-while 문, for 문, foreach 문의 4가지 반복문을 제공한다.

while 문

```
while (조건식)
{
    statement(s);
}
```

```
코드 26

static void Main(string[ ] args)
{
    int x = 1;

    while ( x < 10 )
    {
        Console.WriteLine(x);
        x++;
    }
}
```

앞 코드는 'x'가 10보다 작은 동안 'x' 값을 계속 출력하도록 작성했다.

while 문을 사용할 때 가장 주의해야 할 점은 반복이 끝나는 조건을 명확하게 제시해야 한다는 점이다. 이를 위해 앞 코드에서는 조건식 'x < 10'과 증가 연산자 'x ++'를 사용하고 있다. 이처럼 while 문에서는 증감연산자 뿐만 아니라 일반적인 산술연산자도 얼마든지 사용할 수 있다. 또한 조건식 안에서도 증감연산자나 산술연산자를 사용할 수 있다. 다음 코드역시 앞의 코드와 비슷한 기능을 수행할 것이다.

```csharp
static void Main(string[ ] args)
{
    int y = 0;

    // 조건식 안에 증가연산자를 사용하고 있다.
    // 먼저 값을 증가시킨 뒤에 비교하고 있다.
    while ( ++y < 10 )
    {
        Console.WriteLine(y);
    }

    Console.WriteLine( );

    int z = 0;

    // 비교를 먼저 한 뒤에 값을 증가시키고 있다.
    while ( z++ < 10 )
    {
        Console.WriteLine(z);
    }
}
```

앞 프로그램을 실행해보면 y값과 z값의 출력에 중요한 차이점이 있다는 것을 알 수 있다. y값은 1부터 9까지 아홉 번만 실행되는 데 비해, z값은 1부터 10까지 열 번이 실행된다는 점이다. 이것은 증감연산자가 변수의 앞에 붙어있느냐 뒤에 붙어있느냐의 차이 때문에 발생한다. '++y'처럼 변수의 앞에 증가연산자가 붙은 경우, 일단 y값을 증가시킨 이후에 10보다 작은지 비교한다. 따라서 y값이 10에 도달하는 경우 출력문(Console. WriteLine( ))이 실행되지 않는다. 하지만 'z++'처럼 증가연산자가 뒤에 붙은 경우에는 z값이 10보다 작은지 비교한 후에 증가 연산이 이루어진다. 따라서 z값이 9인 경우, 10보다 작기 때문에 1을 증가시킨 뒤 출력문을 실행한다. 그래서 y에 비해 한 번 더 출력문이 실행되는 것이다.

while 문의 조건식에만 연산식을 사용할 수 있는 것이 아니다.
if 문이나 switch 문, for 문의 조건식에도 모두 연산식을 사용할 수 있다.

if 문과 마찬가지로 while 문도 중첩해서 사용할 수 있는데, 이를 **중첩 while 문**nested while loop이라고 부른다.

코드 28

```
static void Main(string[ ] args)
{
    int x = 0;
    int y = 0;

    while ( x < 9 )
    {
        x++;

        while ( y < 9 )
        {
            y ++;
            Console.WriteLine("{0} 곱하기 {1} = {2}", x, y, x * y);
        }

        y = 0;
    }
}
```

앞 프로그램은 구구단을 출력하도록 만들어졌다. 먼저 바깥쪽의 while 문을 통해 x값이 9보다 작은 동안 x값을 '1'씩 증가시키면서, 동시에 안쪽의 while 문을 통해 y값의 증가와 출력이 이루어지게 한다. 마지막에 'y =0'를 배치하여 y값을 초기화해주고 있다.

do-while 문

do-while 문은 기본적으로 while 문과 유사하다. 다만 while 문의 경우 주어진 조건이 거짓이라면 한 번도 실행되지 않을 수 있지만, do-while 문의 경우 주어진 조건의 참/거짓 여부와 상관없이 최소한 한 번은 실행된다는 점이 다르다. 즉, 일단 한 번 실행하고 난 뒤에 계속 반복해야 하는지 결정하기 위한 조건식의 판별이 이루어지는 것이다.

```
do
{
    statement(s);
} while (조건식);
```

do-while 문의 경우 조건식이 붙는 자리가 코드 블럭의 '뒤'라는 점에서 while 문과 다르고, while 다음에 오는 조건식 뒤에 세미콜론을 붙인다는 점도 while 문과는 다르다.

```
static void Main(string[ ] args)
{
    int x = 1;

    do
    {
        Console.WriteLine(x);
        x ++;
    } while ( x > 10 );
}
```

앞 코드를 실행하면 주어진 출력문을 한 번만 실행할 것이다. 왜냐하면
조건식에서 'x'가 10보다 큰 값인 동안 반복하라고 하고 있는데, 주어진
'x'값이 '1'이므로 이미 '거짓'이다. 그렇지만 do-while 문이기 때문에 'x'
값을 최소한 한 번은 출력한다.

```
static void Main(string[ ] args)
{
    int y = 1;

    do
    {
        Console.WriteLine(y);
        y++;
    } while ( y < 10 );
}
```

앞 프로그램에서 제시한 조건은 'y'가 10보다 작은 동안 실행하는 것이었고, 'y'에 배정된 값은 '1'이므로 1부터 9까지 아홉 번의 출력이 이루어진다.

for 문

while 문의 변형 형태라고 볼 수 있는 for 문은 while 문과 마찬가지로 조건식이 참인 동안 주어진 명령문을 반복해서 실행한다. 다만 반복 횟수를 관리하기 위해 특별히 **카운터**counter라는 것을 가지게 되는데, 카운터로 사용되는 변수는 반드시 정수형 integer이어야 한다.

```
for (카운터;  조건식;  카운터 연산식)

{

        statement(s);

}
```

코드 31

```
static void Main(string[ ] args)
{
    // 다음 조건식에서 'x'를 카운터라고 부른다.
    for ( int x = 9; x > 0; x-- )
    {
        Console.WriteLine(x);
    }

    Console.WriteLine( ); // 공백 줄 삽입

    // 다음 조건식에서 'x'를 카운터라고 부른다.
    for ( int x = 1; x < 10; x++ )
    {
        Console.WriteLine(x);
    }
}
```

앞의 for 문은 1부터 9까지 차례로 출력한다. 단, 첫 번째 for 문은 큰 숫자에서 작은 숫자로 출력, 두 번째 for 문은 작은 숫자에서 큰 숫자로 출력한다는 점이 다르다.

여기서 눈여겨봐야 할 부분은 첫 번째 for 문에서 이미 선언된 x가 두 번째 for 문에서 다시 선언되고 있다는 점이다. 일반적인 경우, 한 번 선언한 변수는 다시 선언할 수 없지만, for 문에서는 같은 이름을 가진 카운터 변수를 다시 선언할 수 있다. 오히려 선언해주지 않으면 오류가 발생한다. 즉, for 문에서 사용되고 있는 카운터 변수는 우리가 알고 있는 일반적인 변수와 달리 for 문 안에서만 **일회성**으로 사용되는 것이다. 이는 for 문의 카운터로 사용하려고 선언한 변수는 for 문 안에서만 유효할 뿐, for 문 밖에서는 사용할 수 없다는 것을 의미한다.

하지만 for 문 밖에서 선언된 일반적인 변수를 for 문의 카운터로 사용하는 것은 가능하다. 다만, 밖에서 선언된 일반적인 변수를 카운터로 사용하는 경우에는 for 문에서 따로 선언하지 않아야 하며, 단지 세미콜론만 적어주어야 한다. 여기서 주의해야 할 점은, for 문 밖에서 선언된 변수를 for 문의 카운터로 사용한 경우, for 문을 벗어난 뒤에도 변수의 기능이 사라지지 않는다는 점이다.

코드 32

```
static void Main(string[ ] args)
{
    int num = 1;

    // 카운터를 선언하는 대신 그냥 세미콜론만 적어 준다.
    for (  ; num < 10; num++ )
    {
        Console.WriteLine(num);
    }
```

```
        // for 문을 벗어난 뒤에도 변수의 값이 유지된다.
        Console.WriteLine("\n변수 num의 현재값은 = {0}", num);
    }
```

또한 조건식에 사용하는 카운터의 연산식 역시 원한다면 for 문의 코드 블럭 안에 기술할 수 있다. 그러나 앞의 경우와 마찬가지로 세미콜론(;)은 그대로 유지해주어야 한다.

코드 33

```
static void Main(string[ ] args)
{
    // 카운터 연산식 대신 세미콜론만 적어주고 있다.
    for ( int num = 1; num < 10 ; )
    {
        Console.WriteLine(num)
        num++;    // 카운터 변수의 증가를 조건식이 아닌 for 문 안에서 하고 있다.
    }
}
```

다음에 제시된 두 개의 for 문은 같은 기능을 수행한다.

```
코드 34

static void Main(string[ ] args)
{
    for ( int num = 1; num < 10; num++ )
    {
        Console.WriteLine(num);
    }

    Console.WriteLine( );

    for ( int num = 1; num < 10 ; )
    {
        Console.WriteLine(num);
        num++;
    }
}
```

또한 필요하다면 for 문의 카운터 연산식을 위해 산술연산자를 사용할 수
도 있다.

```
static void Main(string[ ] args)
{
    for ( int x = 1; x <= 10; x += 2 )
    {
        Console.WriteLine("The number is now {0}", x);
    }

    Console.WriteLine( );

    for ( int x = 10; x >= 1; x -= 2 )
    {
        Console.WriteLine("The number is now {0}", x);
    }
}
```

앞 프로그램에서 첫 번째 for 문은 홀수만 내림차순으로 출력할 것이고,
두 번째 for 문은 짝수만 오름차순으로 출력할 것이다.

내림차순 vs. 오름차순

내림차순은 큰 수에서 작은 수의 순서로 정렬하는 것을 말하고, 오름차순
은 작은 수에서 큰 수의 순서로 정렬하는 것을 말한다.

내림차순 예시

5 4 3 2 1

오름차순 예시

1 2 3 4 5

foreach 문

foreach 문은 나중에 다룰 배열 또는 컬렉션 구조에 특화된 반복문으로써,
배열의 각 인덱스를 차례대로 접근하여 데이터값을 수정할 수 있도록 해준
다. foreach 문에 대해서는 4장에서 자세히 다루도록 하겠다.

break 명령어

우리는 이미 break 명령어를 사용해 보았다. switch 문을 공부할 때 break
가 등장했었는데, break 명령어는 switch 문뿐만 아니라 while 문이나 for

문에서도 유용하게 사용된다. break 문을 위한 조건식을 따로 제시하고, 이 조건의 참/거짓 여부에 따라 반복문의 실행을 중단하도록 만드는 것이다. 단순해 보이는 이 break 명령어는 continue 명령어와 함께 반복문에서 매우 중요한 역할을 한다.

코드 36

```
static void Main(string[ ] args)
{
    int x = 0;

    Console.Write("Give me a number smaller than 10:  ");
    x = Convert.ToInt32(Console.ReadLine( ));

    while ( x <= 10 )
    {
        Console.WriteLine(x);
        x--;
    }
}
```

앞 코드를 실행하면 **무한 루프**에 빠지게 된다. 정수형은 양수뿐만 아니라 음수도 포함하므로 앞 프로그램은 사실상 while 문이 끝나는 조건을 제시하지 못하기 때문이다. 그러나 다음과 같이 break를 추가해준다면 이와 같은 문제를 손쉽게 해결할 수 있다.

```
static void Main(string[ ] args)
{
    int x = 0;

    Console.Write("Give me a number smaller than 10:  ");
    x = Convert.ToInt32(Console.ReadLine( ));

    while ( x <= 10 )
    {
        if ( x < 0 )
        {
            break;
        }

        Console.WriteLine(x);
        x--;
    }
}
```

앞 프로그램은 while 문이 실행될 때마다 'x'값이 음수인지 확인한다. 그
리고 x 값이 음수가 되는 순간 while 문의 실행을 멈추도록 작성되었다.

무한 루프(infinite loop)

while 문이나 for 문을 **반복문(loop)**이라고 부른다. 매우 강력하고 편리
한 기능이지만 조건을 잘못 주게 되면 '무한 루프'에 빠질 수 있다. 무한 루

프란, 프로그램에 포함된 반복문이 종료 조건을 만나지 못해 끊임없이 되풀이되는 현상으로, 프로그램의 오작동에 그치지 않고, 심한 경우에는 컴퓨터 전체의 작동에 영향을 미칠 수도 있다. 따라서 반복문을 사용할 때에는 반드시 명확한 종료 조건이 함께 제시되어야 한다.

break 명령어는 for 문에서도 while 문과 똑같이 작동한다.

```
코드 38

static void Main(string[ ] args)
{
    int x = 0;

    Console.Write("Give me a number smaller than 10:  ");
    x = Convert.ToInt32(Console.ReadLine( ));

    for ( ; x <= 10 ; x-- )
    {
        if ( x < 0 )
        {
            break;
        }

        Console.WriteLine(x);
    }
}
```

앞의 for 문은 〈코드. 37〉의 while 문과 같은 기능을 수행할 것이다.

여기서 주의할 점은, for 문이나 while 문을 사용하는 프로그램에서 break 를 사용하면 자신이 속한 반복문에서만 빠져나올 뿐, 그보다 상위 개념의 반복문에서 빠져 나오는 것은 아니라는 사실이다. 특히 중첩 for 문이나 중첩 while 문을 사용하는 경우 모든 반복문에서 빠져나오는 것이 아니라 는 사실을 명심해야 한다. 이해를 돕기 위해 또 다른 코드를 작성해보자.

코드 39

```
static void Main(string[ ] args)
{
    Console.Write("10보다 작거나 같은 수를 입력하세요: ");
    int x = Convert.ToInt32(Console.ReadLine( ));

    while ( x <= 10 )  // 상위 while 문
    {
        while ( x >= 4 )  // 하위 while 문
        {
            if ( x == 3 )
            {
                break; // 하위 while 문의 종료
            }

            Console.WriteLine($"Hello! {x}");
            x--;
        }

        Console.WriteLine($"See you later! {x});
        x--;
```

```
        if ( x == 0 )
        {
            break;   // 상위 while 문의 종료
        }
    }
}
```

continue 명령어

continue는 break와 달리 반복문을 종료시키지 않는다. 다만, 주어진 조건에 만족하는 연산만 건너 뛰게 만든다. 즉, 해당 조건을 건너 뛰고 다시조건의 판별을 진행한다는 의미에서 continue라는 이름을 붙인 것이다(명령어의 이름이 차라리 skip 혹은 leap이었다면 더 이해하기 쉬울 뻔 했다).

코드 40

```
static void Main(string[ ] args)
{
    for ( int y = 1; y <=10; y++ )
    {
        if ( y % 2 == 0 )
        {
            continue;   // 2로 나눈 나머지가 0인 경우(짝수인 경우) 반복문을 건너 뛴다.
        }
```

```
        Console.WriteLine(y);
    }
}
```

앞 코드를 실행하면 'y'를 '2'로 나눈 나머지가 '0'인 경우 즉, 짝수인 경
우만 제외하고 반복문이 실행된다. 따라서 결과적으로 홀수만 출력한다.

한 가지 더 조심해야 하는 것은, break나 continue의 조건이 충족되는 순
간 곧바로 자신이 속한 블럭{ }으로부터 빠져나온다는 사실이다. 따라서
다음과 같은 코드 역시 무한루프에 빠지게 된다.

디버깅 과정 중에 무한루프에 빠지게 되면 프로그램을 강제로 종료해야 한다.
이때 사용할 수 있는 단축키는 〈Ctrl +C〉다. 콘솔 창에서 〈Ctrl +C〉를 누르는 것은
프로세스의 강제 종료를 의미한다.

코드 41

```
static void Main(string[ ] args)
{
    int a = 1;

    while ( a <= 20 )
    {
        if ( a <= 10 )
```

```
{
    continue;
    a++;    // 무한 루프의 원인
    }

    Console.WriteLine($"현재 'a' 값은 = {a}");
    a++;
    }
}
```

앞 프로그램은 'a'가 '20'보다 작은 동안 while 문을 반복할 것이다. 이
프로그램이 무한 루프에 빠지는 이유는 if 문을 통해 'a'가 '10'보다 작은
경우에는 while 문을 건너 뛰게 했기 때문이다(if 문은 반복문이 아니므로
continue 명령어에 영향을 받지 않는다. 따라서 이 코드에서 continue에 영향을 받
는 것은 if 문이 아니라 whlie 문이다). 이렇게 되면 'a'에 배정된 값 1은 애초
에 10보다 작은 값이기 때문에 while 문은 처음부터 실행되지 못하고, 그
안에 있는 증가 연산자 'a++' 역시 무용지물이 된다. 이에 따라 'a' 값은
영원히 '1'에 머무르게 되고 앞 프로그램은 무한 반복에 빠지게 된다.

이런 실수는 continue가 자신이 속한 블럭{ }에만 적용될 것이라고 잘못
생각할 때 일어난다. break와 continue는 블럭{ }이 아니라 자신이 속한
반복문에서 빠져나오는 것을 의미한다는 것을 잊지 말아야 하는 이유다.

앞 코드에서 한 가지만 수정한다면 무한 루프에 빠지지 않을 수 있다. 다
음을 보자.

```
static void Main(string[ ] args)
{
    int a = 1;

    while ( a <= 20 )
    {
        if ( a <= 10 )
        {
            a++;    // 일단 증가 연산을 수행한 후에 continue를 실행한다.
            continue;
        }

        Console.WriteLine($"현재 'a'값은 = {a}");
        a++;
    }
}
```

continue와 a++의 자리만 바꿔주었을 뿐인데, 어떻게 무한 루프에 빠지지 않게 됐을까? 그 이유는 continue가 실행되기에 앞서 먼저 증가연산자 'a++'가 실행될 수 있었기 때문이다. 즉, while 문의 반복에 따라 'a'값이 계속 증가할 수 있고, 따라서 정상적인 순환이 가능해진 것이다. 그 결과, 앞 프로그램은 'a'값이 10보다 작은 경우는 건너뛰지만, 'a'값 10보다 커지면 정상적인 출력을 시작할 것이다.

3.4

논리 연산자

논리 연산자는 여러 연산자를 결합하는 데 사용하며 결과값은 항상 참과 거짓 둘 중 하나가 된다. 논리 연산자에는 다음 3가지 종류가 있다.

연산자	이름	형태	참의 조건
&&	AND 연산자	x && y	좌우가 모두 참인 경우에만 결과값이 참
||	OR 연산자	x || y	좌우 중 하나만 참이어도 결과값은 참
!	NOT 연산자	!x	주어진 값이 참이면 결과값은 거짓, 주어진 값이 거짓이면 결과값은 참

다음 코드는 18세 이상이면서 동시에 신분증을 소지한 경우에만 출입을 허가하는 프로그램이다. 조건이 두 개이므로 논리 연산자를 사용한다.

```
static void Main(string[ ] args)
{
    int age;
    int haveID;

    Console.Write("당신의 나이는 18세 이상입니까? (Yes = 1, No = 0)  ");
    age = Convert.ToInt16(Console.ReadLine( ));

    Console.Write("신분증을 가지고 있습니까? (Yes = 1, No = 0)  ");
    haveID = Convert.ToInt16(Console.ReadLine( ));

    if (age == 1 && haveID == 1)
    {
        Console.WriteLine("입장이 허가되었습니다.");
    }

    else
    {
        Console.WriteLine("입장이 거부되었습니다.");
    }
}
```

몇 개의 논리 연산자를 사용할 수 있는지에 대한 제한은 없다. 필요한 만큼의 연산을 묶어서 사용할 수 있다는 뜻이다. 다음 코드는 나이가 18세 이상이면서 신분증 혹은 멤버십 둘 중 하나만 있어도 입장을 허용하도록 하고 있다.

```csharp
static void Main(string[ ] args)
{
    int age = 0;
    int haveID = 0;
    int haveMembership = 0;

    Console.Write("당신의 나이는 18세 이상입니까? (Yes = 1, No = 0)  ");
    age = Convert.ToInt16(Console.ReadLine( ));

    Console.Write("신분증을 가지고 있습니까? (Yes = 1, No = 0)  ");
    haveID = Convert.ToInt16(Console.ReadLine( ));

    Console.Write("멤버십을 가지고 있습니까? (Yes = 1, No = 0)  ");
    haveMembership = Convert.ToInt16(Console.ReadLine( ));

    if (age == 1 && ( haveID == 1 || haveMembership == 1 ))
    {
        Console.WriteLine("입장이 허가되었습니다.");
    }

    else
    {
        Console.WriteLine("입장이 거부되었습니다.");
    }
}
```

논리 연산자들 사이에 우선순위는 존재하지 않는다. 즉, 왼쪽에서 오른쪽으로 쓰여진 순서대로 연산이 이루어진다. 하지만 'a && b || c'처럼 코드를 작성하는 것은 바람직하지 못한 습관이다. 여러 논리 연산자를 함께 사용할 때에는 반드시 괄호를 사용하여 알아보기 쉽게 작성하도록 하자.

다음 표는 논리 연산자의 정확한 이해를 위해 각각의 경우의 수를 따져보고 있다.

연산자	경우의 수	결과값
AND	true && true	true
	true && false	false
	false && true	false
	false && false	false
OR	true || true	true
	true || false	true
	false || true	true
	false || false	false
NOT	!true	false
	!false	true

계산기 프로그램

지금까지 공부한 명령어와 연산을 사용하여 간단한 계산기 프로그램을 만들어 볼 것이다. 계산기를 만들기 위해 어떤 연산을 사용 할지는 개발자마다 서로 다를 수 있지만, 여기서는 do-while 문과 switch 문을 사용하기로 하자.

```
static void Main(string[ ] args)
{
    do
    {
        Console.WriteLine("Which calculation do you want to do?");
        Console.WriteLine("1. addition");
        Console.WriteLine("2. subtraction");
        Console.WriteLine("3. multiplication");
        Console.WriteLine("4. division");
        Console.WriteLine("5. exit");
        int choice = Convert.ToInt16(Console.ReadLine( ));

        if ( choice > 4 || choice < 1 )
        { break; }

        else
        {
            Console.Write("\nx = ");
            double x = Convert.ToDouble(Console.ReadLine( ));

            Console.Write("y = ");
            double y = Convert.ToDouble(Console.ReadLine( ));

            switch (choice)
            {
                case 1:
                    double addition = x + y;
                    Console.WriteLine("\nx + y = {0}\n", addition);
                    break;

                case 2:
                    double subtraction = x - y;
                    Console.WriteLine("\nx - y = {0}\n", subtraction);
                    break;
```

```
            case 3:
                double multiplication = x * y;
                Console.WriteLine("\nx * y = {0}\n", multiplication);
                break;

            case 4:
                double division = x / y;
                Console.WriteLine("\nx / y = {0}\n", division);
                break;
            }
        }
    } while (true);
}
```

앞에서 주목해야 할 코드는 while 문의 조건으로 제시된 'true'일 것이다. 이미 설명했던 것처럼 **조건식**이란 항상 주어진 조건의 참과 거짓 여부를 판단하여 명령문을 실행하는데, 조건식 자체를 '참'이라고 하면 해당 반복문은 영원히 멈출 수 없게 된다. 즉, 고의적으로 무한 루프를 발생시키는 것이다. 따라서 이 무한루프를 멈추는 방법 역시 분명하게 제시되어야 한다. 이를 위해 앞 프로그램에서는 'if (choice > 4 || choice < 1) { break ; }' 명령문을 사용하고 있다. 사용자가 1부터 4 중에서 무언가를 선택하지 않고, 그 이상 혹은 그 이하의 정수값을 입력한다면 break 명령어를 사용하여 반복문에서 강제로 벗어나게 하고 있다.

CHAPTER

4

C# 문법 3 : 프로그램 설계

4.1

함수(메소드)

함수function는 하나의 목적을 구현하기 위한 명령문들의 집합으로 '{'로 시작하여 '}'로 끝나며, { }에 의해 묶여진 코드의 집합을 **코드 블럭**code block이라고 부른다. 그리고 C#에서의 함수는 **메소드**method라는 이름으로 부르기도 한다. 즉, 함수와 메소드는 동의어다. 또한 C# 자체에 내장된 함수 이외에도 개발자의 필요에 따라 직접 함수를 선언해서 사용할 수 있다. 함수를 사용하면 코드의 재사용, 모의 실행의 단순화 등 다양한 이점이 생긴다.

함수의 가장 대표적인 예는 C#으로 만들어진 모든 프로그램에 존재하는 Main( ) 함수를 들 수 있다. 즉, 하나의 프로그램은 결국 수많은 함수의 집합이고, 따라서 C#으로 만든 프로그램은 적어도 하나의 함수를 가진다.

함수 선언

함수를 선언할 때는 다음과 같은 형식을 따른다.

```
반환자료형 함수명(자료형1 매개변수1, 자료형2 매개변수2, …)
{
    statement(s);

}
```

함수를 정의할 때는 반환값의 자료형(반환자료형)과 함수의 이름을 먼저 적어주고, 괄호 뒤에는 매개변수를 정의해주면 되는데, 매개변수는 필요한 만큼 정의해주면 된다. 즉, 필요하지 않은 경우 생략할 수 있다.

함수는 호출된 뒤에 값을 반환하는 함수와 단지 연산만 수행하는 함수로 나뉘는데, 호출된 뒤에 결과값을 반환하는 함수는 반드시 'return 명령문'을 가져야 하며, 연산만 수행하는 함수의 경우에는 return 명령문을 가지지 않는다. 다만 이때 반환자료형을 선언하는 대신 'void'라고 적어주어야 한다. 다음 두 코드를 비교해보자.

```
코드 46

double SquareRoot(double x)
{
    double result = x * x;
    return result;
}
```

```
코드 47

void ConsolePrint(double x)
{
    Console.WriteLine(x);
}
```

〈코드.46〉는 실수값을 입력받아 이에 대한 제곱근을 계산한 뒤 결과값을
반환하는 함수다. 따라서 반드시 반환자료형과 return 문을 가져야 한다.
이에 비해 〈코드.47〉은 오직 'x'값이 무엇인지 출력하는 기능만 수행할
뿐 별다른 반환값을 가지지 않는다. 따라서 반환자료형 대신 'void'라고
적어주며 return 문은 가질 수 없다.

이제 이렇게 정의한 함수를 어떻게 사용하는지 좀 더 깊이 살펴보자.

함수 호출

```
static void HelloWorld(int x) // HelloWorld 함수 선언
{
    Console.WriteLine($"Hello World! ...{x}");
}

static void Main( )
{
    Console.Write("함수를 몇 번 호출할까요? ");
    int x = Convert.ToInt16(Console.ReadLine( ));

    while (x > 0)
    {
        HelloWorld(x);   // HelloWorld 함수 호출
        x--;
    }
}
```

앞에서는 'Hello World!'라는 문자열을 출력하는 함수 'HelloWorld( )' 를 선언해주었다. 그리고 Main( ) 함수에서 'HelloWorld(x)'라고 적어주면서 이 함수를 호출하여 사용하고 있다. 이처럼, 함수를 호출하는 방법은 단지 해당 함수가 필요한 자리에서 함수의 이름과 필요한 매개변수 값을 제시하면 된다.

```
static void Main( )
{
    Console.Write("제곱근을 계산하고자 하는 수를 입력하세요: ");
    double y = Convert.ToDouble(Console.ReadLine( ));

    Console.WriteLine("{0}의 제곱은 {1}입니다.", y, SquareRoot(y));      // 함수 호출
}

static double SquareRoot(double x)      // 함수 선언
{
    double result = x * x;
    return result;
}
```

〈코드.48〉에서와 달리 〈코드.49〉에서는 SqaureRoot( ) 함수가 Main( )
함수보다 나중에 선언되고 있다. 즉, 자신을 사용하게 될 자리보다 앞에
서 함수를 선언하든 뒤에서 선언하든 상관없다는 뜻이다. 그리고 또 하나
눈여겨봐야 하는 것은, SquareRoot( )를 선언할 때는 매개변수의 이름이
'x'였는데, 실제 사용할 때는 SquareRoot(y)라고 'y'를 사용하고 있다.
즉, 선언된 매개변수의 자료형이 일치하는지만 중요할 뿐, 매개변수의 이
름까지 똑같을 필요는 없다는 것을 알 수 있다.

하나의 함수를 선언할 때 매개변수를 몇 개까지 쓸 수 있는지에 대한 제
한은 없다. 필요한 만큼 선언해서 사용할 수 있다는 뜻이다. 단, 여러 개
의 매개변수를 선언할 때에는 일반 변수와 마찬가지로 자료형을 함께 명
시해주어야 하며, 각각의 매개변수는 콤마(,)로 구별한다.

```
코드 50

static double Addition(double x, double y)
{
    return x + y;
}

static double Subtraction(double x, double y)
{
    return x - y;
}
```

다음 코드는 〈코드. 45〉의 계산기 프로그램을 함수를 이용하여 다시 구성
한 것이다.

```
코드 51

static double Addition(double x, double y)
{
    return x + y;
}

static double Subtraction(double x, double y)
{
    return x - y;
}
static double Multiplication(double x, double y)
```

```csharp
    {
        return x * y;
    }

    static double Division(double x, double y)
    {
        return x / y;
    }

    static void Main( )
    {
        do
        {
            Console.WriteLine("어떤 계산을 원하십니까?");
            Console.WriteLine("1. 덧셈");
            Console.WriteLine("2. 뺄셈");
            Console.WriteLine("3. 곱셈");
            Console.WriteLine("4. 나눗셈");
            Console.WriteLine("5. 나가기");
            int choice = Convert.ToInt16(Console.ReadLine( ));

            if ( choice > 4 )
            { break; }

            else
            {
                Console.Write("\nx = ");
                double x = Convert.ToDouble(Console.ReadLine( ));

                Console.Write("y = ");
                double y = Convert.ToDouble(Console.ReadLine( ));

                switch (choice)
                {
                    case 1:
                        Console.WriteLine("\nx + y = {0}\n", Addition(x, y));
                        break;
```

```
            case 2:
                Console.WriteLine("\nx - y = {0}\n", Subtraction(x, y));
                break;

            case 3:
                Console.WriteLine("\nx * y = {0}\n", Multiplication(x, y));
                break;

            case 4:
                Console.WriteLine("\nx / y = {0}\n", Division(x, y));
                break;
        }
    }
} while (true);
}
```

매개변수 vs. 인수

파라미터(parameter)라고도 불리는 **매개변수**는 함수를 선언할 때 외부에
서 입력값을 받기 위해 정의된 변수 즉, 함수를 위한 변수를 말한다. 그러
나 **인수(argument)**는 함수에 실제로 전달되는 데이터값을 부르는 이름이
다. 매개변수는 오직 함수를 위해 존재하므로 함수의 역할이 끝나면 매개
변수도 함께 사라진다.

인수 전달 방법 1

인수(함수에 전달되는 데이터값)는 다음과 같이 함수를 호출하면서 함께 전달하는 게 일반적이다.

```
static void Addition(int x, int y)
{
    Console.WriteLine(x + y);
}

static void Main( )
{
    int x = 3;
    int y = 5;

    Addition(x, y); // 일반적인 인수 전달 방법
}
```

코드 52

하지만 이것이 인수를 전달하는 유일한 방법은 아니다. 함수에 인수를 전달하는 또 다른 방법을 알게 되면 유용하게 사용할 수 있다.

인수 전달 방법 2

함수를 정의하면서 매개변수를 선언할 때 해당 매개변수의 기본값을 배

정할 수도 있다. 이것의 장점은 사용자가 입력값을 제공하지 않은 경우에
유연하게 대처할 수 있을 뿐만 아니라 사용자에게 좀 더 넓은 선택의 폭
을 제공할 수 있다는 점이다. 다음 코드를 보자.

코드 53

```
// 함수를 선언하면서 매개변수의 기본값을 배정하고 있다.
static double PoweringNumber(double x = 3.0, int y = 3)
{
    double result = 1.0;

    for ( int i = 0; i < y; i++ )
    {
        result *= x;
    }

    return result;
}

static void Main( )
{
    // 매개변수 없이 함수 호출 - OK
    Console.WriteLine(PoweringNumber( ));
    Console.WriteLine( );

    // 매개변수 중 앞의 값만 제공해서 함수 호출 - OK
    Console.WriteLine(PoweringNumber(5));
    Console.WriteLine( );

    // 매개변수의 값 모두를 제공하면서 함수 호출 - OK
    Console.WriteLine(PoweringNumber(5, 5));
    Console.WriteLine( );
```

```
Console.Write("아무 수나 입력하세요: ");
double baseNum = Convert.ToDouble(Console.ReadLine( ));

Console.Write("입력한 수를 몇 번 곱할까요? ");
int powerNum = Convert.ToInt16(Console.ReadLine( ));

// (일반적인 방법) 사용자 입력을 매개변수로 사용 - OK
Console.WriteLine(PoweringNumber(baseNum, powerNum));
}
```

앞에서 PoweringNumber( ) 함수를 정의할 때 매개변수 'x'와 'y'에 기본값을 배정해두었기 때문에 함수를 호출할 때 다음과 같이 **인수**를 제공하지 않아도 오류가 발생하지 않는다.

```
Console.WriteLine(PoweringNumber( ));
```

그리고 기본으로 지정된 값과 다른 조건에서 계산하고 싶다면, 다음과 같이 원하는 인수만 제공할 수도 있다. 이 경우 새롭게 전달된 인수를 기반으로 함수가 작동한다.

```
Console.WriteLine(PoweringNumber(5);

Console.WriteLine(PoweringNumber(5, 5));
```

단, 앞의 인수를 빼고 뒤에 있는 인수만 제공하는 것은 허용되지 않는다.

즉, Console.WriteLine(PoweringNum(, 5));처럼 사용하면 오류가 발생한다.

인수 전달 방법 3

함수에 넘겨주는 인수값은 함수를 정의하면서 선언한 매개변수의 순서를 그대로 따라야 한다. 하지만 함수 안에 정의된 매개변수의 이름을 알고 있다면, 이 순서를 무시하고 인수를 넘길 수 있다.

코드 54

```
static double Area(double height, double width)
{
    return height * width;
}

static void Main( )
{
    Console.Write("가로의 길이를 입력하세요: ");
    double w = Convert.ToDouble(Console.ReadLine( ));

    Console.Write("세로의 길이를 입력하세요: ");
    double h = Convert.ToDouble(Console.ReadLine( ));

    // 다음 3개의 명령문은 같은 결과를 출력할 것이다.

    // Area(w, h)는 오류의 원인이 된다.
    Console.WriteLine(Area(h, w));

    // 각각의 인수가 어떤 매개변수로 전달되는지 정하고 있다 - OK
    Console.WriteLine(Area(width: w, height: h));
    Console.WriteLine(Area(height: h, width: w));
}
```

원래 정의된 함수는 세로의 길이를 먼저 입력하고 가로의 길이를 나중에 입력하게 되어 있다. 따라서 인수를 전달할 때도 다음과 같이 〈세로값 → 가로값〉순서를 지켜주어야 한다.

```
Console.WriteLine(Area(h, w));
```

하지만 〈매개변수 이름: 인수 값〉형식으로 어느 인수를 어느 매개변수에 전달할 것인지 지정해준다면 인수의 전달 순서를 지키지 않아도 된다.

```
Console.WriteLine(Area(width: w, height: h));

= Console.WriteLine(Area(height: h, width: w));
```

4.2

함수 호출 방법

인수를 전달하는 방법이 다양한 만큼 함수를 호출하는 방법에도 여러 가지가 존재한다. 어떤 방법으로 함수를 호출했느냐에 따라 전혀 다른 결과 값이 반환되므로 각각의 차이점을 정확하게 숙지하고 있어야 한다.

값에 의한 호출

가장 기본이 되는 함수 호출 방법으로, 우리가 지금까지 사용해왔던 방법이 바로 **값에 의한 호출**^{Call by Value}이다.

```csharp
static int CallByValueDemo(int x)
{
    return x;
}

static void Main( )
{
    Console.Write("정수를 입력하세요: ");
    int a = Convert.ToInt32(Console.ReadLine( ));

    Console.WriteLine("입력하신 정수의 값은 {0}입니다", CallByValueDemo(a));
}
```

값에 의한 호출이라는 이름에서 짐작할 수 있듯이, 함수를 호출할 때 필요한 매개변수의 값을 함께 넘겨주는 방식이다. 별도의 설명이 필요 없을 만큼 직관적인 방법으로, 함수를 호출할 때 가장 많이 사용하는 방식이다.

참조에 의한 호출

참조에 의한 호출 Call by Reference은 함수에 전달되는 인수를 저장하고 있는 메모리에서 직접 데이터를 가져오는 방식이다. 따라서 값에 의한 호출에 비해 함수 연산의 정확성이 보장된다. 단, 이 호출 방법을 사용하려면 함수를 정의할 때와 호출할 때 모두 변수의 이름 앞에 키워드 'ref'를 붙여주어야 한다.

다음에서 SwapNum_1( ) 함수는 '값에 의한 호출'을, SwapNum_2( ) 함수는 '참조에 의한 호출'을 사용하고 있다.

코드 56

```
static void SwapNum_1(int a, int b)
{
    // 전달 받은 두 수를 서로 바꾼다.
    int temp = a;
    a = b;
    b = temp;
}

static void SwapNum_2(ref int a, ref int b)
{
    // 전달 받은 두 수를 서로 바꾼다.
    int temp = a;
    a = b;
    b = temp;
}

static void Main( )
{
    int x = 1;
    int y = 2;

    SwapNum_1(x, y);  // 값에 의한 호출
    Console.WriteLine("x의 값은 {0}입니다.", x);  // 결과값은 1
    Console.WriteLine("y의 값은 {0}입니다.", y);  // 결과값은 2

    Console.WriteLine( );

    // 변수값을 초기화 해준다.
    x = 1;
    y = 2;
```

```
SwapNum_2(ref x, ref y);   // 참조에 의한 호출
Console.WriteLine("x의 값은 {0}입니다.", x);   // 결과값은 2
Console.WriteLine("y의 값은 {0}입니다.", y);   // 결과값은 1
}
```

앞 코드에서 SwapNum_1( )과 SwapNum_2( ) 모두 전달받은 두 수를 교환하게끔 작성했는데, 어째서 SwapNum_1( ) 함수는 제대로 작동하지 않은 것일까? 그 이유는 SwapNum_1( ) 함수의 연산 결과 a, b의 값이 서로 바뀌었을 뿐, 그 결과값이 x와 y에 넘겨지지 않았기 때문이다. 이에 비해 SwapNum_2( ) 함수는 x, y가 가리키는 메모리에 저장된 값을 참조하는 a, b의 값을 서로를 바꾸기 때문에 해당 메모리에 실제로 저장되어있던 값인 x, y까지 서로 바뀌게 되는 것이다. 다시 말해, 메모리 수준의 접근을 한 것인데, 이로써 함수 연산의 정확성이 보장되는 것이다.

하지만 SwapNum_1( ) 함수 스스로 연산의 결과값을 출력한다면 참조에 의한 호출을 사용하지 않고도 위의 문제를 해결할 수 있을 것이다.

```csharp
static void SwapNum_1(int a, int b)
{
    // 입력 받은 두 수를 서로 바꾼다.
    int temp = a;
    a = b;
    b = temp;

    // 함수 안에서 바로 값을 출력한다.
    Console.WriteLine("After Swapping, x의 값은 {0}입니다", a);
    Console.WriteLine("After Swapping, y의 값은 {0}입니다", b);
}

static void Main( )
{
    int x = 1;
    int y = 2;

    Console.WriteLine("Before Swapping, x = {0}, y = {1}", x, y);
    Console.WriteLine( );

    SwapNum_1(x, y);
}
```

결과에 의한 호출

결과에 의한 호출^{Call by Value Result}은 참조에 의한 호출과 다르다. 참조에 의한 호출에서 'ref' 키워드를 사용했다면, 결과에 의한 호출에서는 'out' 키워드가 사용된다는 점이 다르고, 결과에 의한 호출은 함수에게 인수를 넘겨주는 것이 아닌 함수로부터 값을 가져오는 것이라는 점이 다르다.

다음 코드를 살펴보자.

```
코드 58

static void GetNumbers(out int x, out int y)
{
    x = 0;
    y = 0;
}

static void Main( )
{
    Console.Write("a에 저장할 정수값을 입력하세요: ");
    int a = Convert.ToInt16(Console.ReadLine( ));

    Console.Write("b에 저장할 정수값을 입력하세요: ");
    int b = Convert.ToInt16(Console.ReadLine( ));

    GetNumbers(out a, out b);

    Console.WriteLine("a에 저장된 값은 {0}입니다.", a);   // 출력값 0
    Console.WriteLine("b에 저장된 값은 {0}입니다.", b);   // 출력값 0
}
```

앞 프로그램은 사용자가 어떤 수를 입력하든지 a, b의 값은 모두 '0'일
수밖에 없다. 그 이유는 GetNumbers( ) 함수를 정의할 때 a와 b를 0으로
선언했기 때문이다. 따라서 사용자의 입력에 상관없이 항상 '0'의 값을
유지하게 된다.

결과에 의한 함수 호출에서 또 하나 기억할 점은, 함수에 넘겨줄 인수의 값을 배정하지 않아도 오류가 발생하지 않는다는 점이다. 어차피 함수 스스로 필요한 값을 가지고 있기 때문이다.

```
static void GetValue(out int x)
{
    x = 1;
}

static void Main( )
{
    int a;   // 인수로 넘겨줄 a에 값이 배정되지 않았다.

    GetValue(out a);   // a에 값을 배정하지 않은 상태로 함수를 호출하고 있다.

    Console.WriteLine("a에 저장된 값은 {0}입니다.", a);
}
```

앞과 같은 형태로 함수를 사용할 수 있으므로 결과에 의한 호출에 사용될 함수는 반드시 스스로 매개변수의 기본값을 가지고 있어야만 한다. 그렇지 않으면 오류가 발생할 것이다.

```
코드 60

static void GetValue(out int x)
{
    x *= x;   // x의 기본값이 정해지지 않은 상태로 연산을 하고 있다 = 오류 발생
}

static void Main( )
{
    int a;

    GetValue(out a);

    Console.WriteLine("a에 저장된 값은 {0}입니다.", a);
}
```

결과에 의한 호출은 사용자의 입력과 무관하게 최초 선언된 값을 유지한다는

면에서 '상수(constant)'와 유사하다. 이러한 이유로 실제 개발 과정에서도

결과에 의한 호출은 다른 두 호출 방법에 비해 사용 빈도가 떨어진다.

순환함수와 함수 오버로딩

순환함수

함수는 (필요하다면) 자기 자신을 호출할 수도 있다. 이런 식으로 구성된 함수를 **순환함수**recursive method 혹은 **재귀함수**라고 부르는데, 다음과 같은 경우에 유용하게 사용할 수 있다.

```
static int Factorial(int a)
{
    if ( a == 1 )
    {
        return a;
    }

    else
    {
        // Factorial( ) 함수 안에서 다시 Factorial( ) 함수를 호출하고 있다.
        return a * Factorial(--a);
    }
}

static void Main( )
{
    Console.Write("팩토리얼을 계산하고자 하는 수를 입력하세요: ");
    int a = Convert.ToInt32(Console.ReadLine( ));

    Console.WriteLine("{0}! = {1}", a, Factorial(a));
}
```

앞 코드는 함수에 전달된 인수가 '1'이 아닌 경우 계속해서 자기 자신을 반복 호출한다. 바로 이런 형태의 함수를 **순환함수** 혹은 **재귀함수**라고 부른다. 단, 순환함수를 사용하는 경우 자칫 무한 루프에 빠지기 쉽기 때문에 명확한 종료 조건을 제시해야만 한다. 이를 위해 보통 if 문이 사용된다.

함수 오버로딩

여러 명의 개발자가 함께 작업을 하다 보면 종종 같은 이름을 가진 함수를 만드는 일이 생길 수밖에 없다. 물론 사전에 프로젝트 회의 등을 거치면서 이러한 일이 일어나지 않게 준비하는 것이 일반적이지만, 같은 이름의 함수가 100% 존재하지 않게 작업하는 건 현실적으로 불가능하다. 다행스럽게도 C#에서는 같은 이름의 함수가 존재하는 것을 허용한다. 이처럼 이미 존재하는 함수의 이름과 같은 이름의 함수를 만드는 것을 **함수 오버로딩**method overloading이라고 부른다. 단, 같은 이름의 함수일지라도 함수의 **시그니처**signiture까지 똑같은 것은 허용하지 않는다.

시그니처

C#에서는 똑같은 이름의 함수를 각 함수가 가진 매개변수의 구조로 구별하는데, 이러한 매개변수의 구조를 함수의 **시그니처(signature)**라고 부른다.

```csharp
static void Print(int a)
{
    Console.WriteLine("입력된 정수값은 {0}입니다.", a);
}

static void Print(double a)
{
    Console.WriteLine("입력된 실수값은 {0}입니다.", a);
}

static void Main( )
{
    Console.Write("정수를 입력하세요: ");
    int x = Convert.ToInt32(Console.ReadLine( ));

    Print(x);

    Console.Write("실수를 입력하세요: ");
    double y = Convert.ToDouble(Console.ReadLine( ));

    // Print(x) 때와는 다른 함수가 호출된다.
    Print(y);
}
```

앞 프로그램에 존재하는 두 개의 함수는 모두 'Print'라는 같은 이름을 가지고 있지만 하나는 정수형 자료를 요구하는 반면, 다른 하나는 실수형 자료를 요구한다. 이렇게 매개변수의 정의가 서로 다르다면 (시그니처가 다르다면) 같은 이름을 가진 함수도 존재할 수 있다. 또한 이 함수들을 구별하기 위해 특별히 해주어야 하는 별도의 조치도 없다. 전달되는 매개변수의 구성을 보고 C#이 그에 알맞은 함수를 호출하기 때문이다.

이처럼 함수의 오버로딩을 허용하는 것은 비단 개발자만을 위한 것이 아니다. 사용자에게도 좀 더 많은 선택지를 제공할 수 있다. 물론 똑같은 이름의 함수가 존재하는 것은 프로그램 코드의 가독성을 떨어뜨리고, 나중에 수정할 때 어려움을 초래할 수 있으므로 꼭 필요한 경우가 아니라면 피하는 것이 좋다.

4.4

클래스

산수에서 덧셈과 뺄셈, 곱셈과 나눗셈의 관계를 생각해보자. 곱셈은 덧셈의 연장이고, 나눗셈의 뺄셈의 연장이다. 그런 관점에서 봤을 때, 수학에 존재하는 모든 공식 역시 덧셈과 뺄셈의 연장선 안에 있다. 즉, 세상의 모든 수학 문제는 이론상 덧셈과 뺄셈만으로 풀 수 있다는 말이 된다. 하지만 덧셈과 뺄셈만으로 원의 넓이를 구한다면 오히려 더 어렵고 복잡한 과정을 거쳐야 할 뿐만 아니라 계산 과정에서 오류가 발생할 가능성이 높아질 것이다. 이러한 이유로 수학에서는 **공식**을 만들어서 사용한다.

이것을 프로그래밍의 관점에서 생각해 보자. C#에서 기본적으로 제공하는 자료형(int, double, string, char 등)만으로도 프로그램을 만들 수는 있다. 하지만 프로그램마다 구현하려는 기능이 다른 상황에서 이것은 효율적이지 않다. 각각의 프로그램은 각자의 상황에 따라 필요한 데이터를 저장하고 각각의 필요에 따라 이를 가공할 수 있어야 한다. 그리고 이를 위해 존재하는 것이 **클래스**^{class}다.

수학에서 덧셈, 뺄셈 등의 기본적인 연산을 저마다 필요한 조합으로 묶어 '공식'이라는 이름으로 사용하듯 C#에서는 기본적인 연산과 구성 요소를 저마다의 필요한 조합으로 묶어 **클래스**라는 이름으로 사용하는 것이다.

클래스를 정의할 때는 다음과 같은 양식을 따른다.

```
class <클래스 이름>

{

    statement(s);

}
```

그리고 정의된 클래스를 사용하기 위해 클래스의 객체를 생성하는 행위를 **인스턴스 생성**^{instantiation}이라고 부르는데, 다음과 같은 양식을 따르게 된다.

```
클래스명 인스턴스명 = new 클래스명( );
```

다음 코드를 통해 직접 확인해보자.

```
코드 63

class Student
{
    // 클래스 안에는 함수든, 변수든 필요에 따른 다양하게 조합할 수 있다.
    public void SayHi(string name)
    {
        Console.WriteLine("{0} 학생, 반가워요!", name);
    }
}

class Program
{
    static void Main( )
    {
        Console.Write("이름을 입력하세요: ");
        string stName = Console.ReadLine( );

        // 인스턴스 생성
        Student std = new Student( );

        // 인스턴스를 생성하고 나면, 클래스 안에 정의된 함수를 사용할 수 있다.
        std.SayHi(stName);
    }
}
```

C#을 포함한 객체지향 프로그래밍 언어에서 클래스는 하나의 **자료형**으로 간주한다. 따라서 변수를 선언할 때 'int x'와 같이 〈자료형 변수명〉의 형태로 선언해주었던 것처럼, 클래스를 선언할 때도 앞 코드에서처럼 'Student std' 즉, 〈클래스명 인스턴스명〉의 형태로 선언해 주어야 한다. 이때 클래스의 이름이 곧 자료형의 이름처럼 사용되는 것이다.

앞의 Student 클래스는 'SayHi( )'라는 함수를 포함하고 있다. 이 함수를 사용하려면 일단 Student 클래스에 대한 인스턴스를 만들어주어야 한다. 이를 위해 사용한 명령문이 'Student std = new Student( )'다. 클래스의 인스턴스가 만들어진 뒤에는 '인스턴스 이름.함수명( )'의 형태로 클래스 안의 함수를 사용할 수 있다.

```
std.SayHi(stName);
```

관례적으로 클래스의 이름에는 'PascalCase'를 사용한다.

PascalCase란, 각 단어의 첫 글자만 대문자로, 띄어쓰기 없이 적는 방식을 말한다.

StudentName, OrderItem, PostDate 등은 PascalCase를 사용한 좋은 예시다.

클래스 vs. 메소드

앞 프로그램을 통해 알 수 있듯이, 메소드(함수)는 클래스 안에 존재한다. 즉, 클래스는 다양한 기능을 묶어주는 상위 개념이고, 메소드는 각각의 기능을 구현하는 하위 개념이다.

필드 vs. 메소드

클래스 안에는 변수와 함수가 포함될 수 있다. 이렇게 클래스 안에 사용한 변수를 필드(feild)라고 부르며, 클래스 안에 정의된 함수를 메소드라고 부른다. 하지만 모든 함수가 결국에는 클래스 안에 존재하기 때문에 C# 개발자들은 함수와 메소드를 동의어처럼 사용하고 있다.

4.5

지역 변수와 전역 변수

하나의 함수 안에서만 유효한 변수를 **지역 변수**local variable라고 부르고, 같은 클래스 범위 안의 모든 연산에서 사용할 수 있는 변수를 **전역 변수**global variable 라고 부른다.

지역 변수는 자신을 사용하는 함수 안에서 선언하며, 전역 변수는 모든 함수의 밖에서 선언한다. 다음 코드는 지역 변수와 전역 변수의 차이를 잘 보여준다.

```
static string name = "James";   // 전역 변수

static void ShowName( )
{
    string name = "Richard";   // 지역 변수
    // 지역변수(Richard)를 출력할 것이다.
    Console.WriteLine("I am {0}", name);
}

static void Main( )
{
    // ShowName( ) 함수 안의 지역 변수를 호출
    ShowName( );

    // ShowName( ) 함수 안의 지역 변수를 호출 불가.
    // 따라서 아래 명령문은 전역 변수(James)를 출력할 것이다.
    Console.WriteLine("I am {0}", name);
}
```

앞 코드에서 'ShowName( )' 함수는 자신만의 지역 변수 'name'을 가지고 있다. 이 변수는 오직 자신을 포함하는 함수 'ShowName( )' 안에서만 유효하다. 따라서 이 함수를 벗어난 곳에서는 호출할 수 없다. 그럼에도 앞 프로그램이 오류를 일으키지 않은 이유는 전역 변수인 'name'이 있었기 때문이다.

지역 변수와 전역 변수는 각각 영향을 미치는 범위가 다르므로, 앞과 같이 똑같은 이름을 가질 수 있다. 단, 앞의 코드는 예시를 보여주기 위한 것일 뿐, 실제로 같은 이름을 가지는 변수를 사용하는 것은 바람직하지 않다.

한 가지 더 기억해야 할 점은, 지역 변수의 경우 반드시 값을 배정한 뒤에
만 사용할 수 있는 반면, 전역 변수의 경우 배정된 값이 없어도 오류를 일
으키지 않는다는 점이다.

단, 변수값의 배정이 꼭 선언 시점에 이루어져야 한다는 뜻은 아니다. 실
제 변수가 호출되어 사용하기 전에만 값을 배정하면 된다.

코드 65

```
// 전역 변수 num과 str에 값이 배정되어 있지 않다.
static int num;
static string str;

static void PrintVars( )
{
    // 지역 변수는 값을 배정하지 않은 상태로 사용할 수 없다.
    int num = 100;
    string str = "James";

    // 지역 변수의 출력
    Console.WriteLine("num = {0}\nstr = {1}", num, str);
}

static void Main( )
{
    PrintVars( );

    /* 전역 변수의 출력: 값이 배정되어 있지 않다.
       그럼에도 오류가 발생하지는 않는다. */
    Console.WriteLine("num = {0}\nstr = {1}", num, str);
}
```

4.6

접근 제한자 public vs. private

클래스를 구성하는 멤버들은 각각의 필요에 따라 자신이 속한 클래스 안에서만 사용할 수도 있고, 클래스 밖에서 접근하는 것을 허용할 수도 있다. 이를 위해 C#에서는 다양한 **접근 제한자**access modifier를 사용하고 있는데, 이 중에서 가장 기본이 되는 것은 'public'과 'private'이다. 이번 장에서는 이 두 접근 제한자 public과 private에 대해서만 공부하고, 다른 접근 제한자들은 그것이 필요한 시점에 따라 설명하도록 하겠다.

접근 제한자	기능
public	외부에서 클래스 혹은 클래스 멤버로의 접근을 허용한다.
private	외부에서 클래스 혹은 클래스 멤버로의 접근을 허용하지 않는다.

객체와 클래스 멤버

C#에서 사용하는 모든 것은 **객체(object)**다. 변수도, 상수도, 함수도, 클래스도 모두 객체다. 또한 앞으로 공부하게 될 인터페이스, 대리자 등도 모두 객체다. 그리고 클래스를 구성하기 위해 사용하는 모든 객체를 클래스의 '멤버'라고 부른다.

public과 private의 차이는 간단하다. 클래스 안의 멤버를 클래스 밖에서 사용할 수 있게 하려면 public으로 선언하고, 클래스 밖에서 접근하는 것을 허용하지 않으려면 private으로 선언하는 것이다. 예시를 통해 이 개념을 이해해보자.

접근 제한자를 지정하지 않는 경우 기본값은 'private'이다.

외부 접근의 차단을 원칙으로 한다.

코드 66

```
class ClassA
{
    private int a;
    private void PrintOutA( )
    {
        Console.WriteLine(a);
    }
```

```
}

class ClassB
{
    public int b;
    public void PrintOutB( )
    {
        Console.WriteLine(b);
    }
}

class Program
{
    static void Main( )
    {
        ClassA x = new ClassA( );  // ClassA의 인스턴스 생성
        x.a = 123;   // 오류! = 외부에서 private으로 선언된 객체에 값을 배정하고 있다.
        x.PrintOutA( );   // 오류! = 외부에서 private으로 선언된 함수를 호출하고 있다.

        ClassB y = new ClassB( );   // ClassB의 인스턴스 생성
        y.b = 123;   // 외부지만 public으로 선언된 객체인 경우 값을 배정할 수 있다.
        y.PrintOutB( );   // 외부지만 public으로 선언된 함수는 호출할 수 있다.
    }
}
```

앞 프로그램을 컴파일하려고 하면 오류가 발생할 것이다. ClassA 안에 있는 private 변수 'a'와 private으로 선언된 함수 'PrintOutA( )'를 ClassA 가 아닌 다른 곳에서 접근하려 했기 때문이다. 따라서 해당 부분을 다음 프로그램에서처럼 모두 삭제하거나 주석으로 처리해주어야 정상적인 컴파일과 실행이 가능하다. 하지만 ClassB 안에서 선언된 변수 'b'와 PrintOutB( ) 함수는 ClassB 뿐만 아니라 다른 클래스에서도 얼마든지

사용할 수 있다. ʻpublicʼ으로 선언했기 때문이다.

```
코드 67

class ClassB
{
    public int b;
    public void PrintOutB( )
    {
        Console.WriteLine(b);
    }
}

class Program
{
    static void Main( )
    {
        ClassB y = new ClassB( );
        y.b = 123;
        y.PrintOutB( );
    }
}
```

여기서 ʻprivateʼ에 대한 궁금한 점이 생길 수 있다. 외부로부터의 접근을 허용하지 않으려면 왜 처음부터 클래스를 새로 만들어야 하는가에 대한 문제다. 이것은 다음 장에서 설명하는 **캡슐화**와 깊은 관련이 있다.

캡슐화와 정보 은닉

객체지향 프로그래밍의 핵심 개념 중 하나인 **캡슐화**^{encapsulation}는 **정보 은닉** information hiding 이라고 부르기도 하는데, 이것은 클래스 안의 객체들을 하나로 묶어주는 기능과 함께 묶어진 객체를 보호하는 기능을 수행한다. 이러한 캡슐화는 접근 제한자를 통해 구현하게 된다. 다음 코드를 보자.

코드 68

```
class BankAccount
{
    private double balance = 0;

    public void Deposit(double n)
    {
        balance += n;
```

```
        }

        public void Withdraw(double n)
        {
            balance -= n;
        }

        public double GetBalance( )
        {
            return balance;
        }
    }
```

앞 코드에서 'balance'를 'private'으로 선언해주었기 때문에 balance
는 외부에서 직접 접근하거나 수정할 수 없다. balance를 수정할 수 있
는 유일한 방법은 같은 클래스 안에서 public으로 선언된 Deposit( ),
Withdraw( ) 함수를 통해서만 가능하고, balance에 저장된 값의 확인 역
시 GetBalance( ) 함수를 통해서만 가능하다. 이 경우 balance는 **캡슐화**되
었다고 표현하고, balance의 정보는 외부로부터 **숨겨졌다**라고 말하는 것
이다.

캡슐화의 장점은 다음과 같다.

---

1. 자료의 접근 제한을 통한 값의 보존

- -

2. 새로운 기능을 추가했을 때 코드 수정의 용이함

- -

3. 캡슐화된 부분을 수정했을 때, 클래스 외부에 끼치는 영향의 최소화

그럼 이제 캡슐화를 사용한 프로그램을 만들어보자.

코드 69

```
class BankAccount
{
  private double balance = 0;

  public void Deposit(double n)
  { balance += n; }

  public void Withdraw(double n)
  { balance -= n; }

  public double GetBalance( )
  { return balance; }
}

class Program
{
  static void Main( )
  {
```

```csharp
BankAccount acc = new BankAccount( );   // 클래스의 인스턴스 생성
double money;
int choice;

do
{
  Console.WriteLine("1. Deposit Money");
  Console.WriteLine("2. Withdraw Money");
  Console.WriteLine("3. Check Your Balance");
  Console.Write("Choose what you want: ");
  choice = Convert.ToInt16(Console.ReadLine( ));

  switch (choice)
  {
    case 1:
      Console.Write("How much do you want to deposit:   ");
      money = Convert.ToDouble(Console.ReadLine( ));

      // BankAccount 클래스 안의 Deposit( ) 함수를 통해 balance를 수정하고 있다.
      acc.Deposit(money);
      Console.WriteLine("You have {0}", acc.GetBalance( ) + " won now.");
      break;

    case 2:
      Console.Write("How much do you want to withdraw: ");
      money = Convert.ToDouble(Console.ReadLine( ));

      // BankAccount 클래스 안의 Withdraw( ) 함수를 통해 balance를 수정하고 있다.
      acc.Withdraw(money);
      Console.WriteLine("You have {0}", acc.GetBalance( ) + " won now.");
      break;

    case 3:
      // BankAccount 클래스 안의 GetBalance( ) 함수를 호출하고 있다.
      Console.WriteLine("You have {0}", acc.GetBalance( ) + " won now.");
      break;
```

```
        default:
          Console.WriteLine("You made a wrong choice!");
          break;
      }
    } while ( choice < 4 );
  }
}
```

앞 프로그램에서 볼 수 있는 것처럼, 외부에서 은행 잔고(balance)에 직접 접근할 방법은 존재하지 않는다. 우회적으로 Deposit( ), Withdraw( ), GetBalance( ) 함수를 통해서만 은행 잔고에 접근하거나 수정할 수 있다. 이렇게 해줌으로써 잔액 자체에 대한 외부의 접근과 수정을 막을 수 있을 뿐만 아니라, 각각의 함수들이 정확하게 어떤 연산을 수행하는지 외부에서 볼 수 없도록 만들 수 있다. 즉, 과정은 감추고 결과만 보여주는 것, 이것이 바로 캡슐화인 것이다. 이처럼 접근 제한자 public과 private을 적절하게 사용하면 혹시 모를 데이터의 변형을 막을 수 있다.

4.8

프로퍼티(속성)

프로퍼티

앞서 공부한 것처럼 클래스의 변수를 캡슐화하는 것은 매우 좋은 코딩 습관이다. 하지만 캡슐화해줘야 하는 변수의 수가 많을 때는 상황이 조금 달라진다. 각각의 변수마다 이에 접근하기 위한 함수를 따로 구성한다는 것은 여간 번거로운 작업이 아닐 수 없기 때문이다. 따라서 좀 더 손쉬운 캡슐화의 방법이 필요하다. 이러한 문제를 해결하기 위해 도입된 것이 바로 **프로퍼티**property다(프로퍼티는 **속성**이라고도 부른다). 즉, 클래스에 속한 변수의 캡슐화를 쉽고 간편하게 하는 방법이 **프로퍼티**인 것이다. 그리고 이것을 가능하게 하는 키워드를 특별히 **접근자**accessor라고 부르는데, 접근자에는 쓰기를 담당하는 'set 접근자(흔히 setter라고 부름)'와 읽기를 담당하는 'get 접근자(흔히 getter라고 부름)' 두 가지가 있다.

```
public 반환자료형 프로퍼티명
{
      set { ... }

      get { ... }
}
```

프로퍼티를 선언할 때는 다음 3가지를 주의해야 한다.

---

1. 프로퍼티는 외부에서 접근할 수 있어야 하므로 반드시 public으로 선언해야 한다.

---

2. 프로퍼티를 선언할 때는 일반적인 함수와 달리 이름 뒤에 괄호( )를 붙이지 않는다.

---

3. 프로퍼티의 이름은 자유롭게 정할 수 있지만, 관례적으로 private으로 선언한 변수와 같은 이름을 사용하되 PascalCase로 적어준다.

```csharp
class Person
{
    private string name = "James";

    public string Name   // 프로퍼티 선언
    {
        set { name = value; }  // setter
        get { return name; }   // getter
    }
}
```

앞에서 사용한 'value'는 단순한 변수값이 아니다. 이것은 set 접근자에 사용하는 특별한 키워드로서, C#에서 제공하는 예약어에 속한다. 따라서 따로 정의해주지 않아도 된다.

예약어

예약어(reserved word)란 프로그래밍 언어에서 기능과 의미를 정의하고 있는 키워드를 부르는 이름이다. 우리가 배운 if, while, switch, break, continue, public, private 등이 모두 C#의 예약어다. 이 책에서는 '예약어'와 '키워드'를 동의어로 사용하고 있다.

일단 앞과 같이 프로퍼티를 정의하고 나면, 어디서든 private 데이터에 접근하여 값을 수정할 수 있다.

```
코드 71

class Person
{
    private string name = "James";

    public string Name   // 프로퍼티 선언
    {
        set { name = value; }  // setter
        get { return name; }   // getter
    }
}

class Program
{
    static void Main( )
    {
        // 프로퍼티를 사용하기 위해서는 먼저 클래스의 인스턴스를 생성해야 한다.
        Person p = new Person( );

        p.Name = "Bob";   // private으로 정의된 변수(Name)의 값을 바꾸고 있다.

        Console.WriteLine("안녕하세요, " + p.Name + "씨!");
    }
}
```

다음 프로그램을 통해 일반 함수와 프로퍼티의 사용법이 어떻게 다른지 확인해보자. 다음은 앞 코드를 일반 함수로 다시 작성한 것이다.

```
class Person
{
    private string name = "James";

    public void setName(string userName)   // 일반적인 함수 선언
    { name = userName; }

    public string getName( )   // 일반적인 함수 선언
    { return name; }
}

class Program
{
    static void Main( )
    {
        Person p = new Person( );

        p.setName("Bob");

        Console.WriteLine("안녕하세요, " + p.getName( ) + "씨!");
    }
}
```

〈코드.71〉처럼 프로피티를 사용하는 경우, 선언 자체가 단순하기도 하지만 프로퍼티를 통한 입력과 출력에서도 'p.Name'이라고만 적어주면 되었다. 그러나 〈코드.72〉처럼 일반 함수를 사용하는 경우에는 setName( )과 getName( ) 두 개의 서로 다른 함수를 정의해야 하며, 사용할 때 역시 'p.setName( )', 'p.getName( )'이라고 서로 다르게 적어주어야 한다. 이처럼 프로퍼티를 사용하면 코드가 좀 더 단순해지는 것을 알 수 있다.

한 가지 더 추가하자면, 일반적으로 함수 안에서 우리는 다양한 명령문을 사용할 수 있는데, 프로퍼티 안에서도 가능할까? 당연히 가능하다. 프로퍼티도 결국에는 함수의 한 종류이기 때문이다.

코드 73

```
class Person
{
    private string name;
    private int age;

    public string Name
    {
        set
        {
            if ( value.Length == 0 )
            {
                throw new ArgumentException("이름이 입력되지 않았습니다.");
            }

            else
            { name = value; }
        }

        get
        { return name; }
    }

    public int Age
    {
        set
        { age = value; }
```

```
        get
        {
            if ( age <= 0 )
            {
                throw new ArgumentException("나이의 입력이 올바르지 않습니다.");
            }

            else
            { return age; }
        }
    }
}

class Program
{
    static void Main( )
    {
        Person p = new Person( );

        Console.Write("이름을 입력하세요: ");
        p.Name = Console.ReadLine( );

        Console.Write("나이를 입력하세요: ");
        p.Age = Convert.ToInt32(Console.ReadLine( ));

        Console.WriteLine("안녕하세요, {0}씨", p.Name);
        Console.WriteLine("당신의 나이는 {0}살이군요.", p.Age);
    }
}
```

앞 코드에서 사용한 'throw 문'은 오류 메시지를 출력하는 특별한 명령어로

5장에서 다루도록 하겠다.

자동 구현 프로퍼티

앞에서 다룬 것처럼 프로퍼티 안에서도 다양한 명령문을 사용할 수 있다. 하지만 만약 이렇게 특별한 작업이 필요치 않다면, 편리하게 다음과 같이 작성하면 된다. 이 놀랍도록 간단한 방법을 **자동 구현 프로퍼티**^{auto implemented} ^{property}라고 부른다.

```
코드 74

class Person
{
    public string Name
    { set; get; }
}
```

자동 구현 프로퍼티를 사용하는 앞 코드에서는 심지어 'private string name'이라고 따로 변수를 선언하지도 않았다는 사실에 주목해야 한다. 이 부분은 컴파일러에 의해 자동으로 구현될 것이기 때문에, 이 부분을 명시하면 오히려 오류가 발생한다. 다음 〈코드.75〉는 앞의 〈코드.74〉와 똑같은 작업을 수행한다.

```
코드 75

class Person
{
    // 일반적인 경우 private으로 정의되는 변수를 따로 만들어주어야 한다.
    private string name;

    public string Name
    {
        set { name = value; }
        get { return name; }
    }
}
```

자동 구현 프로퍼티를 사용할 때도 변수의 기본값을 설정할 수는 있다.

기본값을 설정하는 방법은 다음과 같다.

```
코드 76

class Person
{
    public string Name { set; get; } = "James";
}
```

다음은 〈코드.72〉를 자동 구현 프로퍼티를 사용해 재구성한 것이다.

```
class Person
{
    // 자동 구현 프로퍼티 선언
    public string Name { set; get; } = "James";
}

class Program
{
    static void Main( )
    {
        Person p = new Person( );

        p.Name = "Bob";    // private으로 정의된 변수(Name)의 값을 바꾸고 있다.

        Console.WriteLine("안녕하세요, " + p.Name + "씨!");
    }
}
```

앞 프로그램을 통해 프로퍼티를 사용하는 경우 얼마나 단순하게 코드를 작성할 수 있는지 알 수 있다.

4.9

this 키워드

클래스에서 선언한 멤버 변수와 함수의 매개변수는 같은 이름을 가질 수 있다. 이렇게 하면 어떤 매개변수와 멤버 변수가 상호 작용하는지 알아보기 쉽다는 장점이 있지만, 같은 이름을 가진 두 개의 변수가 존재한다는 것은 코드를 읽기 불편하게 만들 수밖에 없다. 이때 장점은 그대로 두고 단점만 극복하는 방법이 this 키워드인 것이다. 즉, 클래스의 멤버 변수 앞에 'this.'라고 적어줌으로써 함수의 매개변수와 구별이 되도록 하는 것이다.

실제 사례를 통해 이해해보자.

```
class BankAccount
{
    private double money = 0;

    public void Deposit(double money)
    { this.money += money; }

    public void Withdraw(double money)
    { this.money -= money; }

    public double GetBalance( )
    { return this.money; }
}
```

앞 코드를 보면 BankAccount 클래스의 멤버 변수(빨간색)의 이름과 함수의 매개변수(파란색)의 이름이 똑같다. 이런 식으로 코드를 작성하면 코드의 가독성이 떨어질 수 있지만, this 키워드를 사용한다면 어느 것이 멤버 변수이고 어느 것이 매개변수인지 쉽게 구별할 수 있다(this는 멤버 변수 앞에 붙인다).

이처럼 this 키워드를 사용하면 멤버 변수를 쉽게 알아볼 수 있다는 장점 때문에 다음과 같이 변수의 이름이 서로 다른 경우에도 자주 사용한다.

```
class BankAccount
{
    private double balance = 0;

    public void Deposit(double d)
    { this.balance += d; }

    public void Withdraw(double w)
    { this.balance -= w; }

    public double GetBalance( )
    { return this.balance; }
}
```

4.10

생성자와 소멸자

생성자

생성자constructor는 특별한 종류의 함수다. 생성자는 클래스의 인스턴스가 만들어질 때 자동으로 함께 만들어진다. 이것은 C#의 컴파일러의 역할 중 하나이기 때문에 개발자가 따로 만들어주지 않아도 된다. 그렇다면 왜 우리는 생성자에 대해 공부해야 할까? 컴파일 단계에서 자동으로 만들어지는 생성자의 경우 아무런 기능도 가지지 않기 때문에 특별한 연산을 포함하는 생성자를 원한다면 개발자가 따로 만들어주어야 한다. 예를 들어, 새로운 은행 계좌를 개설하는 클래스의 인스턴스가 생성될 때마다 계좌의 소유자에게 메시지를 보내고자 한다면 생성자가 그 기능을 훌륭하게 해낼 수 있다.

이러한 생성자는 다음 규칙을 따라야 한다.

1. 생성자는 자신이 속한 클래스와 같은 이름을 가져야 하며

2. 반드시 public으로 정의되어야 하며

3. 반환자료형을 가질 수 없다. 심지어는 void도 허용하지 않는다.

4. 단, 필요에 따라 매개변수를 가질 수 있으며, 오버로딩을 허용한다.

코드 80

```csharp
class BankAccount
{
    /* 생성자는 반환자료형을 갖지 않으며
       오직 접근제한자 public과 생성자 이름만을 가진다. */
    public BankAccount( )
    {
        Console.WriteLine("새로운 계좌가 생성되었습니다.");
    }
}

class Program
{
    static void Main( )
    {
        Console.Write("새로운 계좌를 개설하시겠습니까? (y/n)  ");
        char newAC = char.Parse(Console.ReadLine( ).ToLower( ));
```

```
if (newAC == 'y')
{
    BankAccount acc = new BankAccount( );   // 인스턴스 생성
}
}
}
```

앞 예시를 보면 Main( ) 함수에서 BankAccount 클래스의 새로운 인스턴스 'acc'가 만들어진 것을 볼 수 있다. 단지 클래스의 인스턴스를 만들었을 뿐인데도, 이 프로그램은 새로운 계좌가 개설되었다는 메시지를 출력할 것이다. BankAccount 클래스는 **생성자**를 포함하고 있으므로 클래스 객체(인스턴스)가 생성됨과 동시에 이 생성자를 실행했기 때문이다.

이처럼 유용하게 사용할 수 있는 생성자는 군이 매개변수를 가질 필요가 없지만, 필요하다면 얼마든지 매개변수를 가질 수도 있다. 생성자가 매개변수를 가지고 있다면 클래스의 인스턴스를 생성할 때 이에 대한 인수를 전달해야 한다.

```csharp
class BankAccount
{
    public BankAccount(string name)
    {
        Console.WriteLine("{0}님의 새로운 계좌가 개설되었습니다!", name);
    }
}

class Program
{
    static void Main( )
    {
        Console.Write("새로운 계좌를 개설하시겠습니까? (y/n)   ");
        char newAC = char.Parse(Console.ReadLine( ).ToLower( ));

        Console.Write("이름을 입력하세요: ");
        string cstName = Console.ReadLine( );

        if (newAC == 'y')
        {
            // 클래스의 인스턴스를 생성할 때 인수를 함께 전달한다.
            BankAccount acc = new BankAccount(cstName);
        }
    }
}
```

생성자 오버로딩

같은 이름의 함수를 여러 개 가질 수 있는 것처럼 같은 이름의 생성자를
여러 개 가질 수도 있다. 개발자에게 있어서 오버로딩이 갖는 장점은 다

양한 상황에 좀 더 유연하게 대처할 수 있는 프로그램을 만들 수 있다는 것을 의미한다. 하지만 함수와 마찬가지로 시그니처까지 동일한 생성자는 만들 수 없다.

```
코드 82

class Person
{
    public Person( )
    { Console.WriteLine("Hi there!"); }

    public Person(string name)
    { Console.WriteLine("Hi {0}!", name); }

    public Person(string name, int age)
    { Console.WriteLine("Hi {0}! You are {1} years old!", name, age); }
}

class Program
{
    static void Main( )
    {
        Person p1 = new Person( );
        Person p2 = new Person("James");
        Person p3 = new Person("James", 21);
    }
}
```

함수의 오버로딩과 마찬가지로, 같은 이름의 생성자가 여러 개면 함께 전달되는 매개변수(시그니처)의 구성을 보고 C#은 그에 맞는 적당한 생성자를 호출할 것이다.

소멸자

클래스의 인스턴스가 만들어질 때 **생성자**constructor가 함께 만들어지는 것처럼 **소멸자**destructor(종료자라고 부르기도 함) 역시 클래스의 쓰임이 다하면 자동으로 생성된다. 하나의 프로그램이 실행되는 동안 끊임없이 새로운 객체를 만들어낼 뿐, 이를 회수하지 않는다면 컴퓨터의 메모리는 이를 감당할수 없을 것이다. 따라서 자신의 역할을 다한 객체는 반드시 컴퓨터에 자원을 반환해야 하는데, 이것이 바로 소멸자의 역할이다. C#에서는 강력한 **가비지 수집**garbage collector 기능을 제공하여 이러한 역할을 대신하기 때문에 개발자는 별도의 소멸자를 만들 필요가 없다. 다만, 생성자와 마찬가지로 소멸자에 특별한 역할을 부여하고 싶다면 얼마든지 따로 만들어줄수 있다.

소멸자를 만들 때는 다음 규칙을 따라야 한다.

1. 하나의 클라스는 하나의 소멸자만을 가질 수 있으며, 소멸자는 오직 클래스에만 적용된다.

2. 소멸자는 사용자가 직접 호출할 수 없다. 소멸자는 필요할 때 스스로 작동하는 것이다.

3. 소멸자는 접근 제한자와 매개변수를 가질 수 없다.

4. 소멸자는 상속이나 오버로드가 될 수 없다.

5. 소멸자의 이름은 클래스와 같은 이름을 가져야 하며, 이름 앞에 '~'를 붙여주어야 한다.

```
class Person

{

    ~Person( )

    {

        statement(s)

    }

}
```

코드 83

```
class Person
{
    private int a;

    public Person(int a)
    {
        this.a = a;
        Console.WriteLine("{0}번 클래스 객체 생성", this.a);
    }
```

```
    ~Person( )     // 소멸자를 따로 만들어주고 있다.
    {
        Console.WriteLine("{0}번 클래스 객체 소멸", a);
    }
}

class Program
{
    static void Main( )
    {
        Console.Write("몇 개의 클래스 객체를 만들까요?  ");
        int x = Convert.ToInt32(Console.ReadLine( ));

        for ( int y = 1; y <= x; y++ )
        {
            Person p = new Person(y);   // 새로운 클래스 인스턴스 생성
        }

        Console.WriteLine( );

        GC.Collect( );    // 가비지 수집을 즉시 수행하도록 강제하고 있다.
    }
}
```

앞 코드를 보면 'GC.Collect( )'을 이용해 더 이상 사용하지 않는 리소스를 강제로 반환하는데, 바로 이때 **소멸자**가 실행된다. 소멸자를 직접 호출하는 방법이 없으므로 가비지 수집을 통해 우회적으로 작동시킨 것이다.

앞 프로그램을 실행해보면 가장 마지막에 생성된 클래스 객체가 사라지지 않는 것을 볼 수 있는데, 이것은 해당 객체의 역할이 남아있을 때를 대비하여 가비지 수집의 대상에서 제외되었기 때문이다.

4.11

클래스, 함수, 프로퍼티, 생성자 비교

클래스, 함수, 프로퍼티, 생성자 등은 초심자에게 모두 비슷해 보일 수 있다. 이런 어려움을 돕기 위해 클래스, 함수, 프로퍼티, 생성자를 모두 가진 코드를 작성해 보았다. 각각의 선언 방법과 사용 방법의 차이를 정확하게 숙지하도록 하자.

```
class ClassName    // 클래스 선언
{
    // 클래스 내 변수 선언
    private int result = 10;

    // 반환값이 없는 함수 선언
    public void setResult(int result)
    { this.result = result; }

    // 반환값이 있는 함수 선언
    public int getResult( )
    { return result; }

    // 프로퍼티 선언:
    // 클래스의 멤버 변수(result)와 같은 이름을 가지며 괄호( )를 가지지 않는다.
    public int Result
    {
        set { result = value; } // setter
        get { return result; } // getter
    }

    private int result2;   // 클래스 내 변수 선언

    // 자동 구현 프로퍼티 선언:
    // 클래스의 멤버 변수(result2)와 같은 이름을 가지며 괄호( )를 가지지 않는다.
    public int Result2
    { set; get; }

    // 생성자 선언:
    // 반환자료형을 가지지 않으며, void 키워드를 사용하지 않는다.
    public ClassName( )
    { Console.WriteLine("클래스가 만들어졌습니다.\n"); }
}
```

```
class Program
{
    static void Main( )
    {
        // 클래스 인스턴스 생성: 이때 생성자가 함께 호출된다.
        ClassName c = new ClassName( );

        Console.Write("정수를 입력하세요: ");
        int x = int.Parse(Console.ReadLine( ));

        // ClassName 클래스의 setResult( ), getResult( ) 함수 사용 예시
        c.setResult(x);
        Console.WriteLine("첫 번째 입력값은 = {0}", c.getResult( ));

        Console.Write("또 다른 정수를 입력하세요: ");
        int y = int.Parse(Console.ReadLine( ));

        // 프로퍼티와 자동 구현 프로퍼티의 사용법은 같다.

        // 프로퍼티의 사용
        c.Result = y;
        Console.WriteLine("두 번째 입력값은 = {0}", c.Result);

        // 자동 구현 프로퍼티의 사용
        c.Result2 = 999;
        Console.WriteLine("자동구현 프로퍼티에 의한 입력값은 = {0}", c.Result2);
    }
}
```

접근 제한자 readonly

readonly **접근 제한자**는 클래스의 멤버 변수의 값이 최초 선언된 이후에 수정되는 것을 막아준다. 배정된 값이 변하지 않는다는 면에서 얼핏 '상수'와 비슷해 보이지만, 다음 3가지 면에서 큰 차이점이 있다.

1.   상수는 선언되는 시점에 반드시 값이 주어져야 하지만 readonly는 선언할 때 값이 주어지지 않아도 된다.

```
const string name;

readonly string name;
```

2.   상수는 계산식의 값을 배정받을 수 없지만, readonly는 계산식의 값을 배정받을 수 있다.

```
const int x = 2 * 5;

readonly int x = 2 * 5;
```

3. 상수의 경우 한 번 배정된 값은 바꿀 수 없지만, readonly로 선언된 변수는 **생성자**를 통하는 경우 필요할 때마다 그 값을 바꿀 수 있다.

```
class Users
{
    private readonly string userID;
    private readonly string userPW;

    public Users(string id, string pw) // 생성자 선언
    {
        // 생성자를 통해 값을 바꾸도록 하고 있다.
        this.userID = id;
        this.userPW = pw;
    }

    public void Print( )   // 출력 함수 선언
    {
        Console.WriteLine("Your ID is {0}", this.userID);
        Console.WriteLine("Your PW is {0}", this.userPW);
    }
}

class Program
{
    static void Main( )
    {
```

```
        string uID;
        string uPW;

        do
        {
            Console.Write("아이디를 입력하세요: ");
            uID = Console.ReadLine( );

            Console.Write("비밀번호를 입력하세요: ");
            uPW = Console.ReadLine( );

            // uID와 uPW를 위한 값이 모두 입력되었는지 확인한다.
            if ((uID.Length == 0) || (uPW.Length == 0))
            {
                Console.WriteLine("올바른 입력값이 아닙니다.");
                break;   // do-while 문을 종료한다.
            }

            // Users 클래스의 인스턴스를 생성한다.
            Users u = new Users(uID, uPW);
            u.Print( );   // 출력 함수 실행: 결과는 사용자의 입력값

        } while ((uID.Length != 0) && (uPW.Length != 0));
    }
}
```

앞 코드에서

```
private readonly string userID;

private readonly string userPW;
```

부분을

```
private        string userID = "James";
private        string userPW = "12345";
```

처럼 선언한다면 오류가 발생한다. **상수**const로 선언한 경우에는 프로그램이 실행되는 동안 그 값을 바꿀 수 없기 때문이다. const와 readonly가 가지는 이와 같은 차이점은 'const'가 컴파일 타임 상수 즉, 코드를 컴파일할 때 값을 배정하는 상수인 데 비해, 'readonly'는 런타임 상수 즉, 프로그램이 실행되는 순간 값을 배정하는 상수이기 때문에 발생한다.

하지만 const든, readonly든 어차피 프로그램이 실행되는 동안에는 값의 변화가 일어나지 않는 '상수'일 뿐인데, 왜 여러 종류가 필요한 것일까?

카카오톡과 같은 서비스를 생각해보자. 카카오톡이 제공하는 기능은 모든 사용자에게 기본적으로 똑같다. 하지만 사용자마다 친구 목록이 다르고, 지금까지 대화했던 내용이 다를 수밖에 없다. 따라서 각각의 사용자마다 서로 다른 친구 목록과 대화 목록을 보여줘야 하는데, 이것이 결정되는 시기가 바로 프로그램의 시작 시점일 것이다. 따라서 프로그램이 실행되는 시점에 한 번만 사용자를 확인하고, 로그인을 마친 사용자의 상태는 프로그램이 종료될 때까지 그대로 유지되어야 한다. 바로 이때 'readonly'를 사용할 수 있다. 이렇게 함으로써 로그인 시점에서 **한 번** 입력한 정보는 프로그램의 종료될 때까지 그 값이 변하지 않을 것이다.

문자열은 그 데이터의 특징상 '길이'를 가지게 되는데, 이 문자열을 길이를

간단하게 알아보는 방법이 바로 'Length' 프로퍼티를 사용하는 것이다.

C#은 객체에 따라 사용할 수 있는 다양한 프로퍼티를 제공하고 있는데,

Length 프로퍼티도 그 중 하나이며, 반환값은 32bit 정수형이다.

4.13

배열

배열 선언과 값 배정

배열array은 하나의 자료가 아닌 '일련의 자료'를 저장하기 위해 사용하는 자료구조다. 즉, 같은 자료형을 가지는 여러 변수들의 집합을 **배열**이라고 생각할 수 있다. 예를 들어, 여러분이 100개의 정수형 자료를 저장해야 한다고 가정해보자. 이를 위해 100개의 변수를 각각 선언해야 할까? 가능하기는 하겠지만, 이렇게 하는 것은 당연히 비효율적일 수밖에 없다. 이를 해결하는 간단한 방법은 100개의 정수형을 저장할 수 있는 하나의 배열을 만들어주는 것이다. 배열을 만들려면 다음과 같이 자료형의 선언 뒤에 '[ ]' 기호를 붙여주기만 하면 된다.

```
자료형[ ] 배열명;
```

배열이 일반 변수와 다른 점은, 배열을 선언하는 방법이 클래스의 인스턴스를 만들 때처럼 'new' 키워드를 사용한다는 점이다.

```
자료형[   ] 배열명 = new 자료형[크기];
```

```
int[ ] studentIDs = new int[5];
```

앞과 같이 선언해주면 'studentIDs'라는 배열은 5개의 정수를 저장할 수 있는 공간을 컴퓨터 메모리에 확보하게 된다. 그리고 이 저장 공간에 데이터를 넣는 방법은 다음과 같다.

```
int[ ] studentIDs = new int[5];

studentIDs[0] = 55;

studentIDs[1] = 66;

studentIDs[2] = 77;

  ...
```

앞과 같이 해주면 배열의 첫 번째 공간에는 55를, 두 번째 공간에는 66을,

세 번째 공간에는 77을 저장하게 된다.

앞 코드에서 studentIDs[0]처럼 [ ]사이에 삽입되는 숫자를 인덱스(index)라고
하는데, 인덱스는 항상 '0'부터 시작한다.

변수와 마찬가지로 배열 또한 선언하는 시점에 초기값을 부여할 수 있다.
또한 앞에서처럼 각각의 저장 공간에 각각의 데이터를 입력할 수도 있고,
여러 데이터를 한 번에 입력할 수도 있다.

여러 데이터를 한 번에 입력할 때에는 다음과 같이 '중괄호{ }'를 사용하
며, 입력하려는 각각의 데이터는 콤마(,)로 구분한다.

```
int[ ] studentIDs = new int[5] { 1, 2, 3, 4, 5 };

string[ ] studentNames = new string[3] {"James", "Tom", "Jimmy"};
```

이처럼 배열에 값을 저장하는 방법은 2가지가 있다.

1. 원하는 값을 원하는 장소에 저장하는 방식

```
int[ ] studentIDs = new int[5];

studentIDs[0] = 55;
```

2. 일련의 자료를 한 번에 저장하는 방식

```
int[ ] studentIDs = new int[5] { 1, 2, 3, 4, 5 };
```

하지만 실제 코딩에서는 각각의 데이터를 개발자가 직접 입력하는 것보다는 조건문이나 반복문을 만들어 조건에 부합하는 자료만 입력받거나 혹은 사용자에게 직접 값을 입력하도록 하는 경우가 더 많을 것이다.

```
코드 86

static void Main( )
{
    // 배열의 선언
    int[ ] evenNums = new int[10];

    for ( int x = 0; x < 10; x++ )
    {
        // 배열에 데이터 입력(저장)
        evenNums[x] = x * 2;

        // 배열에 저장된 데이터 출력
        Console.WriteLine("You just saved {0}", evenNums[x]);
    }
}
```

앞 코드를 실행하면 배열의 각 인덱스에 오직 짝수만 저장될 것이다. 그리고 다음과 같이 사용자에게 직접 입력을 받아 이를 배열에 저장하는 경우도 흔히 볼 수 있다.

```
static void Main( )
{
    // 배열의 선언과 초기값 배정
    int[ ] myIntegers = new int[5] { 1, 2, 3, 4, 5 };

    for ( int i = 0; i < 5; i++ )
    {
        // 배열에 저장된 데이터 출력
        Console.WriteLine("Saved number is {0}", myIntegers[i]);
    }

    for ( int i = 0; i < 5; i++ )
    {
        // 사용자 입력을 배열에 저장
        Console.Write("Give me any integer:  ");
        myIntegers[i] = Convert.ToInt32(Console.ReadLine( ));
    }

    for ( int i = 0; i < 5; i++ )
    {
        // 배열에 저장된 데이터 출력
        Console.WriteLine("The number you just saved is {0}", myIntegers[i]);
    }
}
```

배열은 가장 많이 사용하는 자료구조 중 하나다. 따라서 배열을 능숙하게
다룰 수 있는 능력은 모든 소프트웨어 개발자에게 필수라고 할 수 있다.

foreach 문

앞에서 언급했듯이 배열은 조건문이나 반복문과 함께 자주 사용된다. 때문에 C#에서는 배열에 특화된 반복문을 제공하는데 그것이 바로 **foreach 문**이다. foreach 문은 다음과 같은 구문 규칙을 따른다.

```
foreach(자료형 변수명 in 배열명)
{
        statement(s) ...
}
```

앞에서 보는 것처럼 foreach 문은 일반적인 반복문이 가지는 카운터를 가지지 않는다. 대신에 foreach 문은 자신만의 변수를 가지게 되는데, 이것은 foreach 문이 배열에 저장된 데이터값을 찾아내어 그것을 자신의 변수에 담아 나오는 방식으로 작동하기 때문이다. 따라서 foreach 문에서 선언한 변수와 배열에 저장된 데이터의 자료형이 서로 일치해야만 한다.

지금까지의 for 문에서 카운터로 사용하는 변수는 항상 정수형(int)이었다.
하지만 foreach 문에서 사용하는 변수는 배열에 저장된 자료형과 일치해야 하므로
항상 정수형일 수는 없다.

foreach 문은 특히 배열에 저장된 데이터가 총 몇 개인지 알 수 없을 때 진가를 발휘한다. foreach 문 스스로 데이터가 저장된 부분의 끝까지 반복문

을 실행하기 때문이다. 따라서 foreach 문은 다른 반복문과 달리 종료 조건을 제시하지 않는다. 이를 이해하기 위해 다음 두 예시를 보도록 하자.

첫 번째 예시에서 최초 선언된 배열의 크기는 '10'이지만, 실제로는 5개의 자료만 입력하고 있다. 그럼에도 불구하고 foreach 문은 오류 없이 저장된 데이터를 모두 가져온다.

코드 88

```csharp
static void Main( )
{
    int[ ] myIntegers = new int[10];
    int sum = 0;

    for ( int x = 0; x < 5; x++ )
    {
        Console.Write("정수를 입력하세요: ");
        myIntegers[x] = Convert.ToInt32(Console.ReadLine( ));
    }

    /* foreach 문에는 반복문의 종료 조건이 주어지고 있지 않고
       myIntergers 뒤에 배열을 표시하는 [ ]가 붙어 있지 않다 */
    foreach ( int y in myIntegers )
    {
        sum += y;
    }

    Console.WriteLine("입력한 모든 숫자의 합은 {0}입니다.", sum);
}
```

앞의 예에서 foreach 문은 사용자가 입력한 5개의 정수를 모두 찾아 그 합을 구할 것이다.

다음 예시는 foreach 문의 변수를 일반 반복문의 카운터처럼 사용한 경우다. 오류가 발생할 것이다.

코드 89

```
static void Main( )
{
    string[ ] studentNames = new string[10];

    for ( int x = 0; x < 5; x++ )
    {
        Console.Write("학생의 이름을 입력하세요: ");
        studentNames[x] = Console.ReadLine( );
    }

    // foreach 문은 카운터를 가지지 않는다.
    foreach ( int y in studentNames )
    {
        // foreach 문의 변수를 카운터처럼 사용하고 있다: 오류의 원인
        Console.WriteLine("The name saved in array is {0}", studentNames[y]);
    }
}
```

앞의 오류를 해결하려면 다음과 같이 코드를 수정해주어야 한다.

```
static void Main( )
{
    string[ ] studentNames = new string[10];

    for (int x = 0; x < 5; x++)
    {
        Console.Write("What is the name of the student:  ");
        studentNames[x] = Console.ReadLine( );
    }

    foreach ( string y in studentNames )
    {
        /* foreach 문의 변수는 카운터가 아닌
           실제 데이터값을 담는 일반적인 변수다: 오류 해결 */
        Console.WriteLine("The name saved in array is {0}", y);

    }
}
```

앞 프로그램을 통해 foreach 문에 정의된 변수는 일반적인 반복문에서 사용하는 **카운터**가 아닌, 실제 데이터값을 저장하는 **변수**임을 알 수 있다. 따라서 'studentNames[y]'의 형태로 사용할 수 없고, 일반적인 변수처럼 단지 변수명(y)만 적어주어야 한다.

2차원 배열

배열에 데이터를 저장하는 데에는 순차적인 것 이외에 하나의 표처럼 저장하는 방식도 있다. 즉, 열과 행을 가진 구조로 저장하는 방식인데, 이러한 배열을 **2차원 배열**two dimensional array이라고 부른다.

	1번 열	2번 열	3번 열	4번 열
1번 행	[0] [0]	[0] [1]	[0] [2]	[0] [3]
2번 행	[1] [0]	[1] [1]	[1] [2]	[1] [3]
3번 행	[2] [0]	[2] [1]	[2] [2]	[2] [3]
4번 행	[3] [0]	[3] [1]	[3] [2]	[3] [3]

앞에서 보는 것처럼 각각의 셀은 저마다 두 개씩의 **인덱스**index를 가지게 되는데, 앞에 있는 인덱스가 **행**row을 가리키게 되고, 뒤에 있는 인덱스가 **열**column을 가리킨다.

2차원 배열을 선언하려면 다음 규칙을 따른다. 대괄호 [ ] 사이에 콤마가 찍혀있는 것에 주목하자.

```
자료형 [ , ] 배열명 = new 자료형 [행의 개수, 열의 개수]
```

```
double[ , ] eachScore = new double[2, 4];
```

앞과 같이 선언해주면 'eachScore'라는 배열은 2개의 행과 4개의 열의 구조를 가진 즉, 총 8개의 데이터를 저장할 수 있는 메모리의 공간을 확보하게 된다.

그렇다면 2차원 배열에 데이터를 저장하는 방법은 무엇일까? 어렵게 생각할 것 없이 데이터를 저장하고자 하는 배열의 위치를 행과 열의 순서로 적어주면 된다.

```
eachScore[0,0] = 2.43;

eachScore[0,1] = 3.01;

eachScore[0,2] = 9.47;

eachScore[1,3] = 8.36;
```

```
static void Main( )
{
    // 2차원 배열 선언 (2개의 행과 4개의 열)
    double[ , ] eachScore = new double[2, 4];

    // 2차원 배열에 데이터를 입력하고 있다.
    eachScore[0, 0] = 2.43;
    eachScore[0, 1] = 3.01;
    eachScore[0, 2] = 9.47;
    eachScore[1, 0] = 8.36;

    foreach( double d in eachScore )
    {
        Console.WriteLine(d);
    }
}
```

앞 프로그램을 실행해보면 입력하지도 않은 '0'의 값이 출력되는 것을 볼 수 있는데, 이것은 eachScore 배열에서의 셀 주소 [0, 2]와 [1, 0] 사이에 아무런 값도 배정하지 않았기 때문이다. 즉, 첫 번째 행의 마지막 열 [0, 3]을 그냥 지나간 것이다. 또한 두 번째 행의 경우, 단 하나의 데이터 만을 입력했음에도 행의 나머지 부분까지 모두 '0'으로 채워지는 것을 볼 수 있다. 이를 통해 2차원 배열은 하나의 **행**을 하나의 데이터처럼 인식 한다는 것을 알 수 있다.

그렇다면 2차원 배열을 선언할 때 초기값을 배정하는 방법은 무엇일까?

1차원 배열 때와 마찬가지로 '중괄호{ }'를 사용하는데, 이때 각각 중괄호는 각각의 **행**을 의미하게 된다. 즉, '[2, 4]' 크기의 2차원 배열에 초기값을 배정하고자 한다면 다음과 같이 해야 한다.

```
double[ , ] eachScore = new double[2,4] { { 0, 0, 0, 0 }, { 1, 1, 1, 1 } };
                                           1번 행              2번 행
```

2차원 배열의 모든 값을 한 번에 배정할 때는 앞과 같이 각 행에 저장할 데이터를 { 열1, 열2, 열3, ... }의 순서로 적어준 뒤에 콤마(,)를 찍고, 다시 다음 행에 저장할 데이터를 { 열1, 열2, 열3, ... }의 순서로 적어준다. 그리고 모든 데이터를 다시 한 번 중괄호{ }로 묶어주어야 한다.

왜 이런 형태의 배열이 필요한 것일까? 다음과 같은 경우를 효과적으로 다뤄야 하는 프로그램이라면 아마도 2차원 배열이 편리하게 사용될 것이다.

	국어	영어	수학	학생 평균
학생.0	87	88	95	90.0
학생.1	63	90	86	79.7
학생.2	94	100	92	95.3

그럼 앞의 표에서처럼 학생 각각의 성적을 다루는 프로그램을 2차원 배열로 구현해보자.

```
static void Main( )
{
    // 2차원 배열 선언과 초기값 배정
    double[ , ] eachScore = new double[3,3] { {0,0,0}, {0,0,0}, {0,0,0} };

    // 과목 선택을 위해 1차원 배열 사용
    string[ ] subject = new string[3] { "국어", "영어", "수학" };

    int a;   // 학생 카운터
    int b;   // 과목별 점수
    double sum = 0.0;   // 총점
    double avg = 0.0;   // 평균

    for ( b = 0; b < 3; b++ )
    {
        for ( a = 0; a < 3; a++ )
        {
            // 과목을 고정시킨 채 학생을 바꾸면서 입력을 받는다.
            Console.Write("학생{0}의 {1} 성적을 입력하세요: ", a, subject[b]);
            eachScore[a, b] = Convert.ToDouble(Console.ReadLine( ));
        }
    }

    Console.WriteLine( );

    // 학생을 고정시킨 채 과목을 바꾸면서 계산한다.
    for ( a = 0; a < 3; a++ )
    {
        for ( b = 0; b < 3; b++ )
        {
            sum += eachScore[a, b];
            avg = sum / 3;
        }
```

```
Console.WriteLine("학생 {0}명의 국영수 총점은 {1}점입니다", a, sum);
sum = 0;   // 총점 초기화

Console.WriteLine("학생 {0}명의 국영수 평균은 {1}점입니다", a, avg);
    }
}
```

배열에서 말하는 **차원**이란 우리가 일상에서 말하는 그 '차원'과는 다른

개념이다. 단지 인덱스를 1개만 사용하면 1차원 배열, 2개 사용하면 2차원 배열,

3개 사용하면 3차원 배열이라고 부르는 것이다.

그리고 2차원 배열이 가능한 것처럼 3차원, 4차원, …n차원 배열이 모두 가능하다.

하지만 2차원 배열까지만 사용하는 것이 관행이다. 3차원부터는 구현하기도

어렵고, 다루기도 어렵기 때문이다. 따라서 이 책에서도 2차원까지만 설명하겠다.

불규칙 배열

앞서 배운 2차원 배열은 활용하기에 따라 매우 유용하게 쓰일 수 있다. 하
지만 2차원 배열이 가지는 치명적인 약점이 있는데, 그것은 바로 각각의
행이 반드시 같은 수의 **열**을 가져야 한다는 것이다. 즉, 크기가 미리 정해
져 있어야 한다는 뜻이다. 그러나 우리가 실생활을 모델링하는 경우 모든
것을 정해진 틀 안에 맞추는 것은 사실상 불가능하다. 이때 사용할 수 있

는 것이 바로 **불규칙 배열**jagged array(**가변 배열**이라고도 부른다)이다. 불규칙 배열은 마치 크기가 서로 다른 여러 개의 1차원 배열을 묶어준 것과 같다.

이름	고졸	대졸	석사	박사
사원.0	[0] [0]	[0] [1]	[0] [2]	
사원.1	[1] [0]	[1] [1]	[1] [2]	[1] [3]
사원.2	[2] [0]	[2] [1]		

불규칙 배열은 앞의 그림에서와 같이 각각의 행이 각자 필요한 만큼의 열을 가질 수 있다. 이러한 불규칙 배열을 선언하는 방식은 다음과 같다.

자료형 [ ][ ] 배열명 = new 자료형 [행의 개수][ ];

불규칙 배열을 선언할 때는 행의 개수만 명시할 뿐 열의 개수는 명시하지 않는다는 점을 기억해야 한다. 각각의 행이 몇 개의 열을 가지는지 미리 정해준다면 그것은 불규칙 배열이 아니기 때문이다. 심지어는 행의 개수조차 명시하지 않을 수 있다. 즉, **행조차도** 상황에 따라 변하는 것을 허용한다는 의미다. 바로 이러한 특성 때문에 불규칙 배열을 **가변 배열**이라고 부르기도 한다.

다른 모든 배열에서와 마찬가지로 불규칙 배열도 선언하는 시점에 초기값을 배정할 수 있다.

```
string[ ][ ] eduLevel = new string[3][ ]

{

    new string[ ] { "인문계", "경영학", "영어학" },

    new string[ ] { "자연계", "인공지능", "인공지능", "통계학" },

    new string[ ] { "자연계", "컴퓨터공학" }

};
```

앞과 같이 코드 블럭을 만들어준 뒤, 그 안에서 마치 1차원 배열과 같은 방법으로 각각의 행에 초기값을 부여한다. 다시 말하지만, 불규칙 배열은 여러 1차원 배열의 집합체이기 때문이다.

그럼 앞의 표에서와 같이 사원들의 학력을 저장하는 배열을 만들어 보자.

```
static void Main( )
{
    // 불규칙 배열 선언
    string[ ][ ] eduLevel = new string[3][ ];

    // 학위 수준 선택을 위해 1차원 배열 사용
    string[ ] eduMajor = new string[4] { "고등학교 계열", "학사 전공", "석사 전공", "박사 전공" };

    int a;   // 사원 카운터
    int b;   // 사원별 배열의 크기 (= 학위 수준)
    int c;   // 두 번째 for 문의 카운터

    for ( a = 0; a < 3; a++ )
    {
```

```
        Console.WriteLine("고졸:1\n학사:2\n석사:3\n박사:4");

        Console.WriteLine("-------------------------------------");
        Console.Write("사원{0}의 학위 수준을 입력하세요: ", a);

        // 사원별 학위 수준이 곧 사원별 배열의 크기가 된다.
        b = Convert.ToInt16(Console.ReadLine( ));

        Console.WriteLine("-------------------------------------");

        // 불규칙 배열을 사용하려면 각각 행을 1차원 배열로 선언해야 한다.
        eduLevel[a] = new string[b];

        for ( c = 0; c < b; c++ )
        {
            Console.Write("사원{0}의 {1}을 입력하세요: ", a, eduMajor[c]);
            eduLevel[a][c] = Console.ReadLine( );
        }

        Console.WriteLine( );
    }

    for ( a = 0; a < 3; a++ )
    {
        Console.Write("사원{0}의 전공은", a);

        // 각 배열의 크기를 계산하기 위해 .Length 사용
        for ( c = 0; c < eduLevel[a].Length; c++ )
        {
            Console.Write(" {0}", eduLevel[a][c]);
        }

        Console.WriteLine("입니다.");
    }
}
```

앞에서 보는 것처럼 불규칙 배열에 값을 입력하기에 앞서 각각의 행(row)을 1차원 배열로 선언해주어야 한다는 사실을 잊지 말자.

마지막 for 문에서 사용한 '배열명[ ].Length'에 대해서는
다음에 설명하는 **배열 프로퍼티**를 참고하기 바란다.

배열 프로퍼티와 집계 함수

C#에서는 배열과 함께 사용할 수 있는 많은 수의 프로퍼티와 함수를 제공한다. 이번 장에서는 가장 대표적으로 사용되는 배열 관련 프로퍼티와 함수들에 대해 공부해보자.

프로퍼티	기능
IsFixedSize	배열이 고정된 크기를 가졌는지 확인한다. 반환값은 참(true) 혹은 거짓(false)이다.
IsReadOnly	배열이 읽기전용인지 즉, 수정할 수 없는지 확인한다. 반환값은 참(true) 혹은 거짓(false)이다.
Length	배열의 크기를 확인한다. 반환값은 32bit 정수값이다.
LongLength	배열의 크기를 확인한다. 반환값은 64bit 정수값이다.
Rank	몇 차원 배열인지 확인한다.

다음 프로그램은 앞의 프로퍼티를 서로 다른 차원의 배열에 적용하고 있다. 각각 어떤 결과를 반환하는지 직접 확인해보도록 하자.

```
코드 94

static void Main( )
{
    // 1차원 배열의 선언
    int[ ] arr1 = new int[5];
    Console.WriteLine("arr1.IsFixedSize = {0}", arr1.IsFixedSize);
    Console.WriteLine("arr1.IsReadOnly = {0}", arr1.IsReadOnly);
    Console.WriteLine("arr1.Length = {0}", arr1.Length);
    Console.WriteLine("arr1.LongLength = {0}", arr1.LongLength);
    Console.WriteLine("arr1.Rank = {0}", arr1.Rank);
    Console.WriteLine( );

    // 2차원 배열의 선언
    int [ , ] arr2 = new int[5,3];
    Console.WriteLine("arr2.IsFixedSize = {0}", arr2.IsFixedSize);
    Console.WriteLine("arr2.IsReadOnly = {0}", arr2.IsReadOnly);
    Console.WriteLine("arr2.Length = {0}", arr2.Length);
    Console.WriteLine("arr2.LongLength = {0}", arr2.LongLength);
    Console.WriteLine("arr2.Rank = {0}", arr2.Rank);
    Console.WriteLine( );

    // 불규칙 배열의 선언: 결과값을 눈여겨 보자
    string[ ][ ] arr3 = new string[5][ ];
    Console.WriteLine("arr3.IsFixedSize = {0}", arr3.IsFixedSize);
    Console.WriteLine("arr3.IsReadOnly = {0}", arr3.IsReadOnly);
    Console.WriteLine("arr3.Length = {0}", arr3.Length);
    Console.WriteLine("arr3.LongLength = {0}", arr3.LongLength);
    Console.WriteLine("arr3.Rank = {0}", arr3.Rank);
}
```

앞의 코드를 실행하면 선언된 각각의 배열이 고정된 크기인지, 읽기전용인지, 크기는 얼마나 되는지, 몇 차원 배열인지 한 눈에 보여준다.

그런데 불규칙 배열의 경우에는 뜻밖의 결과(IsFixedSize = True)가 나오는 것처럼 보인다. 하지만 차분히 생각해보면, 이런 결과값을 통해 오히려 불규칙 배열이 가지는 특징을 정확하게 파악할 수 있게 된다. 즉, 불규칙 배열은 여러 1차원 배열의 집합체이므로 내부적으로는 마치 1차원 배열처럼 인식되는 것이다.

프로퍼티 뿐만 아니라, 다음과 같은 집계 함수는 배열에서 매우 유용하게 사용할 수 있으니 반드시 기억해야 한다. 다만 집계 함수를 사용하기 위해서는 프로그램 도입부에 'using System.Linq'라고 네임스페이스에 대한 참조를 명시해주어야 한다(네임스페이스[namespace]에 대해서는 6장에서 다룬다).

함수	기능
배열명.Min( )	배열에 저장된 값 중 가장 작은 값을 반환한다.
배열명.Max( )	배열에 저장된 값 중 가장 큰 값을 반환한다.
배열명.Sum( )	배열에 저장된 값의 총합을 계산하여 반환한다.
배열명.Average( )	배열에 저장된 값의 평균을 계산하여 반환한다.
배열명.Count( )	배열에 저장된 데이터의 총 개수를 계산하여 반환한다.

```csharp
using System;
using System.Linq;

namespace ArrayMethods
{
    class Program
    {
        static void Main( )
        {
            int[ ] arr4 = new int[5] { 21, 98, 43, 27, 13 };

            Console.WriteLine("배열에서 가장 큰 수는 {0}입니다", arr4.Max( ));
            Console.WriteLine("배열에서 가장 작은 수는 {0}입니다", arr4.Min( ));
            Console.WriteLine("배열에 저장된 값의 총 합은 {0}입니다", arr4.Sum( ));
            Console.WriteLine("배열에 저장된 값의 평균은 {0}입니다", arr4.Average( ));
            Console.WriteLine("배열에 저장된 데이터의 개수는 {0}개입니다", arr4.Count( ));
        }
    }
}
```

C#에서는 배열과 함께 사용할 수 있는 무궁무진한 프로퍼티와 함수(메소드)를 제공한다. 더 자세히 알아보려면 다음 링크를 참고하도록 하자.

링크: http://docs.microsoft.com/ko-kr/dotnet/api/system.array

4.14

Params 키워드

지금까지 공부한 모든 함수는 전달받는 인수의 개수를 미리 정하고 있었다. 하지만 인수의 수를 미리 예상하거나 정할 수 없는 경우에는 또 다른 문제를 야기할 수 있다. 이처럼, 사용자로부터 몇 개의 인수가 전달되는지 미리 정할 수 없는 경우에 사용하는 것이 바로 params 키워드다. 인수의 개수를 미리 정하고 있지 않기 때문에 이를 **가변인자**라 부르기도 한다.

params 키워드의 사용 방법은 다음과 같다.

```
params 자료형[ ] 배열명
```

다음은 함수로 전달되는 인수의 총합을 구하는 프로그램이다. 여기서 주목할 점은 'TotalSum' 함수에 전달하는 인수가 서로 다르다는 점이다. 하지만 함수를 선언할 때 'params' 키워드를 사용했기 때문에 문제가 되지 않는다.

```csharp
static int TotalSum(params int[ ] myArray)
{
    int sum = 0;

    for ( int i = 0; i < myArray.Length; i++ )
    {
        sum += myArray[i];
    }

    return sum;
}

static void Main( )
{
    // TotalSum( ) 함수에 전달되는 인수의 수가 서로 다른 점에 주목
    Console.WriteLine("Sum(1) = {0}", TotalSum(0, 1, 2, 3, 4, 5, 6, 7, 8, 9, 10));
    Console.WriteLine("Sum(2) = {0}", TotalSum(1,3,5,7,9));
}
```

코드 96

params 키워드는 오직 1차원 배열에서만 사용할 수 있다.

5

C# 문법 4 : 고급

5.1

인덱서

배열과 유사한 형태를 가지는 **인덱서**indexer는 무엇일까? **인덱서**는 배열과 프로퍼티의 특징을 모두 가지는 객체로써, **배열을 캡슐화**하여 외부의 접근을 제한적으로 허용하는 특별한 도구다. 그리고 이를 통해 클래스를 배열처럼 사용할 수 있게 해준다. 하지만 인덱서는 다음 3가지 면에서 일반적인 **프로퍼티**property와 구별된다.

1. 인덱서를 정의할 때는 변수명을 사용하지 않고 'this' 키워드를 사용한다.

2. 프로퍼티가 매개변수를 사용하지 않는 것과 달리, 인덱서는 배열을 위한 매개변수를 사용한다.

3. 인덱서는 자동 구현 프로퍼티를 지원하지 않는다.

```
public 데이터형 this [int 매개변수명]

{

    set { ... }

    get { ... }

}
```

```
class IdxDemo
{
    private int[ ] num = new int[5];

    // 다음 this가 가리키는 것은 private 배열 변수 num이다.
    public int this[int x]
    {
        set { num[x] = value; }
        get { return num[x]; }
    }
}

class Program
{
    static void Main( )
    {
        /* 다음 test를 배열로 선언하지 않았는데 배열처럼 사용할 수 있는 것은
           클래스 안에 인덱서(배열 프로퍼티)가 존재하기 때문이다. */
        IdxDemo test = new IdxDemo( );
```

```
for ( int x = 0; x < 5; x++ )
{
    // test 클래스를 배열처럼 사용하고 있다.
    test[x] = x;
    Console.WriteLine(test[x]);
}
}
}
```

앞에서 주목해야 하는 것은 'IdxDemo' 클래스의 인스턴스인 'test'를 선언한 뒤에 이를 'test[x]' 즉, 배열처럼 사용하고 있다는 점이다. 이처럼 인덱스를 사용하면 클래스를 배열처럼 운영할 수 있다.

그렇다면 2차원 배열 혹은 그 이상에서도 인덱서를 사용할 수 있을까? 이것을 확인하기 위해 〈코드.92〉에서 만들었던 학생 성적 프로그램을 인덱서로 다시 구성해보자.

```csharp
class StudentScore
{
    // 2차원 배열 선언과 초기값 배정
    private double[ , ] eachScore = new double[3,3] { {0,0,0}, {0,0,0}, {0,0,0} };

    // 매개변수를 두 개 가지는 인덱서
    public double this[int x, int y]
    {
        set { eachScore[x,y] = value; }
        get { return eachScore[x,y]; }
    }

    // 과목 선택을 위해 1차원 배열 사용
    private string[] subject = new string[3] { "국어", "영어", "수학" };

    // 매개변수를 한 개 가지는 인덱서 : 인덱서 오버로딩
    public string this[int z]
    {
        set { subject[z] = value; }
        get { return subject[z]; }
    }
}

class Program
{
    static void Main( )
    {
        int a;   // 학생 카운터
        int b;   // 과목별 점수
        double sum = 0.0;   // 총점
        double avg = 0.0;   // 평균

        // 클래스의 인스턴스 생성
        StudentScore ss = new StudentScore( );
```

```csharp
for ( b = 0; b < 3; b++ )
{
    for ( a = 0; a < 3; a++ )
    {
        // 과목을 고정시킨 채 학생을 바꾸면서 입력을 받는다.
        Console.Write("학생{0}의 {1} 성적을 입력하세요: ", a, ss[b]);
        ss[a, b] = Convert.ToDouble(Console.ReadLine( ));
    }
}

Console.WriteLine( );

// 학생을 고정시킨 채 과목을 바꾸면서 계산한다.
for ( a = 0; a < 3; a++ )
{
    for ( b = 0; b < 3; b++ )
    {
        sum += ss[a, b];
        avg = sum / 3;
    }

    Console.WriteLine("학생{0}의 국영수 총점은 {1}점입니다", a, sum);
    sum = 0;   // 총점 초기화

    Console.WriteLine("학생{0}의 국영수 평균은 {1}점입니다", a, avg);
}
```

앞의 코드에서 볼 수 있는 것처럼 인덱서는 2차원 배열도 아무 문제없이
구현할 수 있다. 또한 함수를 오버로딩 하듯이, 인덱서를 오버로딩해서
사용할 수 있다는 것을 알 수 있다. 다만 함수의 오버로딩과 마찬가지로
시그니처까지 똑같은 인덱서는 만들 수 없다.

〈코드.92〉에서와 다른 점은, 〈코드. 98〉에서는 학생의 점수를 저장하는 2차원 배열 'eachScore'과 과목을 저장하는 1차원 배열 'subject'가 모두 private으로 선언되었을 뿐만 아니라 Main( ) 함수가 아닌 별도의 클래스에 선언되었다는 것이다. 따라서 외부 클래스에서 이에 접근하여 임의로 수정하는 것은 불가능하다. 즉, '캡슐화'되어 있다는 뜻이다. 따라서 캡슐화된 객체와 소통하기 위한 프로퍼티가 필요한데, 이를 위해 인덱서를 사용하고 있다.

인덱스 vs. 인덱서

배열에서 데이터가 저장되는 위치(주소)를 가리키는 변수를 **인덱스(index)** 라고 부르는 데 비해, **인덱서(indexer)**는 특별한 종류의 프로퍼티를 부르는 이름이다.

인덱스 예시

'student[3]'에서 '3'이 인덱스

인덱서 예시

```
public string this[int z]
{
    set { subject[z] = value; }
    get { return subject[z]; }
}
```

5.2

열거형 클래스

열거형 클래스enum class는 **상수의 집합**이다. 여러 개의 상수를 다루는 만큼 개념적으로는 **배열**과 유사하다. 하지만 배열과 달리 열거형 클래스가 가지는 자료는 상수, 즉 변하지 않는 값이라는 점이 중요하다. 따라서 프로그램이 실행하는 동안 값을 배정받거나 수정해야 하는 경우에는 배열을 사용하고, 프로그램이 종료될 때까지 값의 변화가 일어나지 않아야 한다면 열거형 클래스를 사용한다.

열거형 클래스는 다음과 같이 정의한다.

```
enum <열거형 이름> { 값1, 값2, 값3, ... }
```

열거형 역시 **클래스**이므로 중괄호{ }를 사용하여 정의해야 한다. 그러나 열거형은 배열과 유사한 점도 가지게 되는데, 열거형의 인덱스 역시 '0'에서 시작하여 '1' 씩 증가한다. 즉, 다음과 같이 열거형을 정의하는 경우 '0'이 가리키는 것은 'Sun'이 되고, '1'은 'Mon', '2'는 'Tue'가 되는 것이다.

```
enum Days { Sun, Mon, Tue, Wed, Thu, Fri, Sat }
```

하지만 배열과 달리 열거형은 개발자가 원하는 인덱스를 직접 배정할 수 있다. 즉, 다음과 같이 열거형을 정의한 경우 '1'이 가리키는 것은 'Sun', '3'이 가리키는 것은 'Tue', '8'이 가리키는 것은 'Wed'가 된다.

```
enum Days { Sun=1, Mon, Tue=3, Wed=8, Thu, Fri, Sat }
```

그렇다면 Mon, Thu, Fri, Sat처럼 인덱스를 따로 배정하지 않은 경우에는 어떻게 되는 것일까? 이 경우 자신의 왼쪽에 있던 인덱스에서 하나 증가한 값을 가지게 된다. 즉, 'Mon'은 '2', 'Thu'는 '9', 'Fri'는 '10', 'Sat'는 '11'의 인덱스 값을 가지게 된다.

하지만 인덱스의 값을 직접 지정할 수 있기 때문에 주의할 점이 있다. 다음과 같이 인덱스를 배정하면 'Mon'과 'Tue' 모두 '3'의 값을 가지게 되고, 이것은 오류의 원인이 될 수 있다.

```
enum Days { Sun=2, Mon, Tue=3 }
```

다음 코드를 통해 열거형의 자료들이 가지는 인덱스값을 확인해보자.

```
enum Days { Sun = 2, Mon, Tue = 3, Wed = 8, Thu, Fri = 100, Sat }

class Program
{
    static void Main( )
    {
        // 형 변환을 통해 열거형의 자료를 정수로 바꾸고 있다.
        int x1 = (int) Days.Sun;
        int x2 = (int) Days.Mon;
        int x3 = (int) Days.Tue;
        int x4 = (int) Days.Wed;
        int x5 = (int) Days.Thu;
        int x6 = (int) Days.Fri;
        int x7 = (int) Days.Sat;

        Console.WriteLine(x1);   // 출력값 2
        Console.WriteLine(x2);   // 출력값 3
        Console.WriteLine(x3);   // 출력값 3
        Console.WriteLine(x4);   // 출력값 8
        Console.WriteLine(x5);   // 출력값 9
        Console.WriteLine(x6);   // 출력값 100
        Console.WriteLine(x7);   // 출력값 101
    }
}
```

앞의 코드는 열거형 클래스에 저장된 데이터의 인덱스를 추출하는 방법
을 보여주고 있다.

그렇다면 인덱스에 저장된 실제 데이터는 어떻게 추출할 수 있을까? 코
드를 통해 확인해보자. 열거형에 저장된 데이터를 가져오는 방법은 다음
3가지가 있으며, 결과는 모두 똑같다.

```csharp
enum TrafficLights { Green, Red, Yellow }

class Program
{
    static void Main( )
    {
        // 방법(1) : 직접 접근
        Console.WriteLine(TrafficLights.Green);
        Console.WriteLine(TrafficLights.Red);
        Console.WriteLine(TrafficLights.Yellow);

        Console.WriteLine( );

        // 방법(2) : 주소를 통한 접근
        Console.WriteLine((TrafficLights)0);
        Console.WriteLine((TrafficLights)1);
        Console.WriteLine((TrafficLights)2);

        Console.WriteLine( );

        TrafficLights x = TrafficLights.Green;
        TrafficLights y = TrafficLights.Red;
        TrafficLights z = TrafficLights.Yellow;

        // 방법(3) : 인스턴스를 통한 접근
        Console.WriteLine(x);
        Console.WriteLine(y);
        Console.WriteLine(z);
    }
}
```

이처럼 열거형 클래스는 인덱스를 임의로 정할 수 있기 때문에, 반복문이 필요한 경우에 열거형은 for 문이나 while 문보다 switch 문을 주로 사용하게 된다.

```csharp
enum TrafficLights { Green=1, Red=10, Yellow=100 }

class Program
{
    static void Main( )
    {
        Console.WriteLine("Green Light = 1");
        Console.WriteLine("Red Light = 10");
        Console.WriteLine("Yellow Light = 100");
        Console.WriteLine("------------------------");
        Console.Write("What is the color of the traffic light?  ");
        int x = int.Parse(Console.ReadLine( ));

        switch ((TrafficLights)x)
        {
            case (TrafficLights)1:
                Console.WriteLine("\nGo!");
                break;

            case (TrafficLights)10:
                Console.WriteLine("\nStop!");
                break;

            case (TrafficLights)100:
                Console.WriteLine("\nSlow down and be careful!");
                break;
```

```
            default:
                Console.WriteLine("\nWrong input!");
                break;
        }
    }
}
```

5.3

정적 선언

정적 선언이라고 불리는 static은 무엇이고 왜 필요한 것일까? 이것을 이해하려면 객체들이 언제 메모리에 적재되고 언제 메모리 공간을 반환하는지 알아야 한다. **정적**으로 선언한 객체는 프로그램이 해당 객체를 처음 호출하는 순간 메모리 공간을 할당받아 프로그램이 끝날 때까지 그 상태를 유지하는 반면, **동적**dynamic으로 선언한 객체들은 그것이 사용될 때마다 메모리의 공간을 할당받고 또 역할이 끝나면 곧바로 사용하던 메모리를 시스템에 반환한다. 예를 들어, 극장에서 총 관람객 수를 카운팅하는 프로그램을 만든다면, 관람객 수는 계속 누적이 되어야 할 것이다. 그리고 한 번 배정된 좌석 역시 영화가 끝날 때까지 다시 배정되지 말아야 한다. 따라서 이들을 'static'으로 선언할 필요가 있다. 이를 이해하기 위해 실제 코드를 살펴보도록 하자.

```
class TheaterDemo
{
    static void Main( )
    {
        do
        {
            Console.Write("영화를 관람하시겠습니까? (y/n):  ");
            char getTicket = Convert.ToChar(Console.ReadLine( ).ToLower( ));

            if (getTicket == 'y')
            {
                Console.Write("좌석을 선택하세요 (1~10번):  ");
                int seatNum = Convert.ToInt16(Console.ReadLine( ));

                // 배열은 0~9이기 때문에 1을 빼주고 있다.
                SeatControl.SeatCheck(seatNum - 1);
            }

            else
            { break; }
        } while (true);  // getTicket == 'y'가 아닌 경우 반복문을 멈춘다.

        Console.WriteLine("\n금일 총 관람색 수는 {0}명입니다.", TotalNum.GetTotal( ));
    }
}

class TotalNum
{
    private static int total = 0;

    public static void AddTotal(int n)
    { total += n; }
```

```csharp
    public static int GetTotal( )
    { return total; }
}


class SeatControl
{
    // 배열의 모든 값을 0으로 초기화해준다.
    private static int[ ] seatTaken = new int[10] { 0, 0, 0, 0, 0, 0, 0, 0, 0, 0 };

    public static void SeatCheck(int x)
    {
        if (seatTaken[x] == 0)
        {
            // 좌석이 배정되면 해당 자리를 1로 바꿔준다.
            seatTaken[x] = 1;

            // 좌석번호 1~10과 배열의 주소 0~9를 일치시키기 위해 1를 더해주고 있다.
            Console.WriteLine("{0}번 좌석이 배정되었습니다.", x + 1);

            // 정상적인 좌석 배치가 이루어지면 총 관람객 수에 포함시킨다.
            TotalNum.AddTotal(1);
        }

        else
        {
            // 좌석번호 1~10과 배열의 주소 0~9를 일치시키기 위해 1를 더해주고 있다.
            Console.WriteLine("{0}번 좌석의 선택은 불가합니다.", x + 1);
        }
    }
}
```

지금까지 클래스를 사용하기 위해서는 다음과 같이 클래스의 인스턴스를 생성했어야 했다.

```
클래스명 <인스턴스명> = new 클래스명( );
```

그러나 앞 프로그램에서는 클래스에 대한 인스턴스를 만들지 않고 바로 '클래스명.함수명( )'의 형태로 클래스와 클래스 안에 있는 함수를 사용하고 있다. 이처럼 static으로 선언된 객체들은 인스턴스의 생성없이 바로 사용해야 한다는 것을 기억해야 한다. 그 이유는 **정적**으로 선언된 객체들은 메모리에 상주하기 때문에, 사용할 때마다 새로 인스턴스를 생성하지 않고 메모리에서 바로 호출하기 때문이다. 즉, 새로운 인스턴스를 만드는 것이 오히려 오류의 원인이 된다.

모든 프로그램의 출발점이 되는 Main( ) 함수 역시 static으로 선언되어야 하는데, 그 이유 역시 메모리에 상주시키기 위함이다.

정적 선언을 사용할 때는 다음 4가지를 꼭 기억해야 한다.

1. 정적으로 선언한 클래스는 인스턴스를 생성할 수 없다. 따라서 〈클래스명.객체 〉의 형태로만 사용할 수 있다.

2. 정적으로 선언한 클래스는 오직 정적 객체만 가질 수 있다.

3. 클래스뿐만 아니라 변수, 함수, 프로퍼티, 생성자도 정적으로 선언할 수 있다.

4. 정적으로 선언한 객체는 정적으로 선언한 객체에서만 호출할 수 있다.

앞에서 작성한 극장 프로그램(TheaterDemo)에서 우리는 각종 변수와 배열마저도 정적으로 선언했다. 다시 강조하지만, 정적 클래스는 오직 정적 객체만 가질 수 있기 때문이다. 따라서 앞 프로그램에서 하나라도 'static' 키워드를 삭제한다면 바로 오류가 발생할 것이다.

다음 코드를 통해 이와 같은 규칙을 이해하도록 하자.

```
코드 103

static class GetNumber
{
    // 오류① static 클래스 안에서 동적 변수를 사용하고 있다.
    public int num = 10;

    // 오류② static 클래스 안에서 동적 함수를 사용하고 있다.
    public int gtNumber( )
    { return num; }
}

class GetNumber2   // 동적으로 선언한 클래스
{
    public int num2  = 10;   // 동적으로 선언한 변수: OK

    public int gtNumber2( )  // 동적으로 선언한 함수: OK
    { return num2; }
}
```

```
class Program
{
    static void Main( )
    {
        // 오류③ static 클래스의 인스턴스를 생성하고 있다.
        GetNumber gt = new GetNumber( );

        // 오류④ static 클래스의 인스턴스를 사용해
        // static 클래스 안의 함수를 호출하고 있다.
        Console.WriteLine(gt.gtNumber( ));

        // static으로 선언한 Main( )함수에서
        // 동적 클래스의 인스턴스를 만들고 있다: OK
        GetNumber2 gt2 = new GetNumber2( );

        // 동적 클래스의 인스턴스를 사용해
        // static 클래스 안의 함수를 호출하고 있다: OK
        Console.WriteLine(gt2.gtNumber2( ));
    }
}
```

정적 선언의 반대말이 **동적 선언**이다. 동적 선언은 정적 선언과 달리 필요에 따라 메모리를 할당받고 그 역할이 끝나면 사용한 메모리를 반환하게 된다. 따라서 동적 선언에 의해 만들어지는 객체는 값을 계속 유지하지 않는다. static 키워드로 선언하지 않은 모든 객체는 기본적으로 **동적**으로 간주한다.

앞 프로그램에는 4개의 오류가 발생하고 있다. 이를 해결하려면 다음과 같이 코드를 바꿔주어야 한다. 단, 오류가 없었던 부분은 코드를 작성하지 않았다.

```
static class GetNumber
{
    // 해결: static 클래스 안에서 static 변수만 사용할 수 있다.
    public static int num = 10;

    // 해결: static 클래스 안에서 static 함수만 사용할 수 있다.
    public static int gtNumber( )
    { return num; }
}

class Program
{
    static void Main( )
    {
        // 해결: 인스턴스의 생성없이 바로 함수를 호출한다.
        Console.WriteLine(GetNumber.gtNumber( ));
    }
}
```

그렇다면 동적으로 선언된 클래스가 정적 변수나 정적 함수를 가질 수 있을까? 가능하다. 또한 동적으로 선언된 객체를 정적으로 선언된 객체에서 호출하는 것도 얼마든지 가능하다. 불가능한 것은 오직 정적 객체를 동적 객체에서 호출하는 경우뿐이다.

```csharp
class NumClass   // 동적 클래스
{
    private static int x = 999;   // 정적 변수: OK

    public static int getNum( ) // 정적 함수: OK
    { return x; }
}

class NumClass2   // 동적 클래스
{
    // 정적 함수를 호출하여 정적 변수의 값을 배정하고 있다.
    // 값을 배정받는 변수 y 역시 static 이기 때문에 가능하다.
    private static int y = NumClass.getNum( );

    public static int getNum2( )   // 정적 함수
    { return y; }
}

class Program
{
    static void Main( )
    {
        // 정적 함수를 호출하여 정적 변수(y)에 저장된 값을 출력하고 있다.
        Console.WriteLine(NumClass2.getNum2( ));
    }
}
```

예리한 개발자라면 여기서 한 가지 궁금한 점이 생길 수 있다. 한 번 배정되면 값이 변하지 않는 **상수**에 관한 것이다. 그렇다. 상수는 그 자체로 항상 정적 객체에 속한다. 따라서 static 키워드를 사용하지 않더라도 다른 정적 변수처럼 사용할 수 있다.

```
코드 106

class ConstantNumber
{
    public const int NUM = 100;
}

class Program
{
    static void Main( )
    {
        Console.Write(ConstantNumber.NUM);
    }
}
```

앞 코드에서 상수로 선언된 변수 'NUM'을 '클래스명.NUM'의 형식으로 호출하고 있다. 이는 클래스 내에 있는 정적 함수나 변수를 부르는 방법과 같다는 사실에 주목해야 한다. 이처럼 같은 방법으로 호출이 가능한 이유는 상수가 처음부터 정적 변수이기 때문이다. 또한 같은 이유로 'static const int NUM'처럼 상수에 static 키워드를 사용하는 것은 허용되지 않는다.

C#에서는 클래스 전체를 정적으로 선언할 수도 있다. 단, 정적으로 클래스를 선언할 경우 클래스 안에 들어있는 모든 객체 역시 정적으로 선언해야 한다.

정적으로 선언한 객체가 메모리에 머물러 있기 때문에 나타나는 중요한 특징 중 하나는, 정적 객체를 여러 곳에서 호출하는 경우에 그 값이 공유된다는 사실이다.

```
// static class StaticCounter 가 아니었음에 주의!
class StaticCounter
{
    public static int count = 0;

    public StaticCounter( )   // 생성자(constructor)
    { count++; }
}

class Program
{
    static void Main( )
    {
        StaticCounter stc1 = new StaticCounter( );
        StaticCounter stc2 = new StaticCounter( );

        Console.WriteLine("StaticCounter.count = {0}", StaticCounter.count);

        /* 두 번에 걸쳐 클래스의 인스턴스 stc1, stc2가 만들어졌으므로
           클래스 생성자는 두 번 작동하게 된다. 따라서 count는 두 번 증가한 값인 2가 된다. */
    }
}
```

앞 프로그램에서 클래스의 인스턴스를 두 개(stc1, stc2) 만들었다. 그리고 이들은 정적 변수 'count'를 공유하기 때문에 인스턴스가 생성될 때마다 '1'씩 증가하게 된다. 이것이 의도한 것이라면 괜찮지만, 의도하지 않은 것이라면 중대한 오류를 발생시킬 수 있으니 주의해야 한다.

앞 코드에서 눈에 띄는 것은 StaticCounter 클래스의 인스턴스를 생성하고

있다는 점이다. 이것이 가능한 이유는 StaticCounter 안의 멤버가 정적으로

선언되었다고는 하지만, 클래스 자체는 동적으로 선언되었기 때문이다. 따라서

인스턴스의 생성이 가능한 것이다.

5.4

상속

객체지향 프로그래밍의 핵심 개념 중 하나인 **상속**inheritance은 이미 존재하는 다른 클래스를 기반으로 새로운 클래스를 정의할 수 있게 한다. 이미 존재하는 클래스의 기능을 그대로 가져와 사용하기 때문에 불필요한 코드의 중복을 피할 수 있고, 무엇보다도 프로그램의 유지 및 보수의 편의성과 정확성을 높여준다.

이렇게 하나의 클래스(A)를 기반으로 새로운 클래스(B)를 정의할 때, (A)를 **부모 클래스**base class라고 부르고, (B)를 **자식 클래스**derived class라고 부른다. 자식 클래스는 부모 클래스에서 선언한 기능들을 다시 선언할 필요 없이 그대로 가져다 쓸 수 있으며, 단지 자식 클래스에서 필요한 기능만 추가적으로 선언해서 사용하는 것이다. 단, 아무리 자식 클래스라고 해도 부모 클래스에서 'private'으로 선언한 객체들에는 접근할 수 없다.

```
class <부모 클래스 이름>

{

    ...

}


class <자식 클래스 이름> : <부모 클래스 이름>

{

    ...

}
```

```
class Person   // 부모 클래스
{
    public int Age { set; get; }
    public string Name { set; get; }
}

class Student : Person   // 자식 클래스(Student) : 부모 클래스 (Person)
{
    public Student (int age, string name)
    {
        // 부모 클래스의 프로퍼티를 아무 제약없이 사용하고 있다.
        Age = age;
        Name = name;
    }
}
```

```
class Program
{
    static void Main( )
    {
        Console.Write("학생의 나이를 입력하세요: ");
        int age = Convert.ToInt16(Console.ReadLine( ));

        Console.Write("학생의 이름을 입력하세요: ");
        string name = Console.ReadLine( );

        // 자식 클래스의 인스턴스를 생성하고 있다.
        Student st = new Student(age, name);

        // 자식 클래스의 인스턴스가 부모 클래스의 프로퍼티를 사용하고 있다.
        Console.WriteLine(st.Age);
        Console.WriteLine(st.Name);
    }
}
```

앞 코드에서 'class Student : Person'이라고 작성한 것을 눈여겨 볼 필요가 있다. 여기서 'Student'는 자식 클래스가 되고 'Person'은 부모 클래스가 된다. 이와 같이 선언해줌으로써 부모 클래스에 있던 변수 'Age'와 'Name'을 별도의 선언없이 (자식 클래스에서) 사용할 수 있게 된다. 심지어 값을 호출하는 경우에도 st.Age, st.Name처럼 자녀 클래스에서 부모 클래스에 저장된 값을 바로 불러올 수 있다. 부모 클래스의 모든 public 객체는 자동적으로 자식 클래스의 public 객체가 되기 때문에 가능한 것이다.

하나의 부모 클래스를 기반으로 필요한 만큼의 자식 클래스를 만들 수 있

다. 예를 들어, 하나의 Person 클래스 밑에 Student, Parent, Teacher 등의
자식 클래스를 만드는 것을 생각해볼 수 있다.

```csharp
class Person   // 부모 클래스
{
    public int Age { set; get; }
    public string Name { set; get; }
    public string TelNum { set; get; }
    public string Subject { set; get; }
}

// 자식 클래스(Student) : 부모 클래스 (Person)
class Student : Person
{
    public Student (int age, string name)
    {
        // 부모 클래스의 프로퍼티를 아무 제약없이 사용하고 있다.
        Age = age;
        Name = name;
    }
}

// 자식 클래스(Parent) : 부모 클래스 (Person)
class Parent : Person
{
    public Parent (string telNum)
    {
        TelNum = telNum;
    }
}
```

```csharp
// 자식 클래스(HRTeacher) : 부모 클래스 (Person)
class HRTeacher : Person
{
  public HRTeacher (string subject, string name)
  {
    Subject = subject;
    Name = name;
  }
}

class Program
{
  static void Main( )
  {
    Console.Write("학생의 나이를 입력하세요: ");
    int age = Convert.ToInt16(Console.ReadLine( ));

    Console.Write("학생의 이름을 입력하세요: ");
    string name = Console.ReadLine( );

    // 자식 클래스(Student)의 인스턴스를 생성하고 있다.
    Student st = new Student(age, name);

    Console.WriteLine( );

    Console.Write("부모님의 전화번호를 \'-\'없이 입력하세요: );
    string tel = Console.ReadLine( );

    // 자식 클래스(Parent)의 인스턴스를 생성하고 있다.
    Parent pr = new Parent(tel);

    Console.WriteLine( );

    Console.Write("담임 선생님의 과목을 입력하세요: ");
    string subject = Console.ReadLine( );
```

```
Console.Write("담임 선생님의 이름을 입력하세요: ");
string hrname = Console.ReadLine( );

// 자식 클래스(HRTeacher)의 인스턴스를 생성하고 있다.
HRTeacher hrt = new HRTeacher(subject, hrname);

Console.WriteLine( );

// 자식 클래스의 인스턴스가 부모 클래스의 프로퍼티를 사용하고 있다.
Console.WriteLine("{0} 학생은 {1}살입니다.", st.Name, st.Age);
Console.WriteLine("부모님의 전화번호는 {0}번이고", pr.TelNum);
Console.WriteLine("담임선생님의 이름은 {0}, 과목은 {1}입니다.", hrt.Name, hrt.Subject);
  }
 }
```

부모 클래스에서 상속받을 수 있는 것은 프로퍼티에 그치지 않는다. 변수
와 함수 그 어떤 것이라도 가져다 쓸 수 있다. 단, private으로 제한되어
있지 않아야 할 뿐이다. 다음 코드는 부모 클래스로부터 변수와 함수를
상속받아 사용하는 것을 보여주고 있다.

```csharp
class Greeting
{
    public string name;

    public void Greet( )
    {
        Console.WriteLine("Hello! {0}.", name);
    }
}

class Person : Greeting
{
    public Person(string n)
    {
        // 부모 클래스의 변수를 상속받아 사용하고 있다.
        name = n;
    }
}

class Program
{
    static void Main( )
    {
        Console.Write("이름을 입력하세요: ");
        string n = Console.ReadLine( );

        // 자식 클래스의 인스턴스를 생성한다.
        Person p = new Person(n);

        // 부모 클래스에서 함수를 상속받아 사용하고 있다.
        p.Greet( );
    }
}
```

5.5

접근 제한자 protected

접근 제한자 protected는 'private'과 유사해 보인다. 하지만 private이 모든 외부의 접근을 차단하는 것과 달리 protected로 선언한 객체는 **자식 클래스**를 제외한 외부의 접근을 차단하는데 사용한다. 즉, 상속과 관련된 특별한 접근 제한자인 것이다.

코드 111

```
class Greeting
{
    protected string name1;
    private string name2;
    public string name3;
```

```csharp
    public void Greet1( )
    {
        Console.WriteLine("Hello! {0}.", name1);
    }

    public void Greet2( )
    {
        Console.WriteLine("Hello! {0}.", name2);
    }

    public void Greet3( )
    {
        Console.WriteLine("Hello! {0}.", name3);
    }
}

class Person : Greeting
{
    public Person(string n)
    {
        this.name1 = n;   // 부모 클래스의 protected 변수를 상속받아 사용하고 있다.
        this.name2 = n;   // 부모 클래스의 private 변수를 상속받아 사용하고 있다.
        this.name3 = n;   // 부모 클래스의 public 변수를 상속받아 사용하고 있다.
    }
}

class Program
{
    static void Main( )
    {
        Console.Write("이름을 입력하세요: ");
        string n = Console.ReadLine( );

        Person p = new Person(n);   // 자식 클래스의 인스턴스를 생성한다.
```

```
p.Greet1( );    // 부모 클래스에서 protected 변수를 포함한 함수를 상속받아 사용하고 있다.
p.Greet2( );    // 부모 클래스에서 private 변수를 포함한 함수를 상속받아 사용하고 있다.
p.Greet3( );    // 부모 클래스에서 public 변수를 포함한 함수를 상속받아 사용하고 있다.
    }
}
```

앞 코드를 컴파일하려고 하면 "보호 수준 때문에 'Greeting.name2'에 액세스할 수 없습니다"라는 오류 메시지를 보게 될 것이다. 이는 protected과 public으로 선언한 변수에 대한 상속은 가능하지만 private으로 선언한 변수에 대한 상속은 가능하지 않기 때문이다. 따라서 앞 코드에서 'Greet2( )'와 'name2'를 사용하는 부분을 모두 삭제해야만 정상적인 컴파일이 가능하다.

5.6

다형성

객체지향 프로그래밍의 3대 특징을 **캡슐화**, **상속**, 그리고 **다형성**이라고 말한다. **다형성**^{polymorphism}이 그리스어로 '많은 형태'라는 뜻을 가지는 것을 통해 짐작할 수 있듯이, 다형성은 무언가를 여러 형태로 만드는 기능을 제공한다. 도대체 무엇을 여러 형태로 만드는 것인지, 왜 만드는 것인지, 그리고 어떻게 만드는 것인지 궁금할 수밖에 없다.

다형성은 클래스 간의 계급이 존재할 때 즉, 부모와 자식 클래스로 상속의 구조를 가질 때 발생하는데, 특히 하나의 부모 클래스가 여러 개의 자식 클래스를 가질 때 필요하다.

예를 들어, 서로 다른 기능을 담당하는 클래스들이 여러 개 존재하지만 이들 모두가 공통된 부분을 가지고 있는 경우를 생각해보자. 같은 기능을 수행하는 부분이 있음에도 불구하고 각각의 클래스에 똑같은 코드를 작성하는 것은 효율적이지 않다. 코드 작성의 불편함은 곧 오류 발생의 원인을 증가시키고 유지보수의 어려움으로 이어지기 때문에 이를 개선할 필요가 있다. 바로 이때 사용하는 것이 **다형성**이다. 즉, 공통된 부분은 부모 클래스에 구현하고, 이를 모든 자식 클래스에서 상속하도록 한 뒤에 각각의 자식 클래스는 각자 필요한 기능만 구현하도록 만드는 것이다.

다형성은 크게 다음 두 가지 경우에 사용한다.

1. 상속의 성격은 유지하지만, 각각의 자식 클래스에서 이와 다른 기능을 수행하고자 할 때

2. 모든 자식 클래스에서 필요로 하는 기능을 부모 클래스에서 구현하고, 자식 클래스들은 각자 필요에 따라 이를 활용하도록 만들 때

다형성을 구현하는 목적이 무엇이든 간에 부모 클래스에서 공통분모로 사용되는 객체에는 'virtual' 키워드를 사용하고, 이를 물려받는 자식 클래스에는 'override' 키워드를 사용한다.

다음 프로그램은 1번의 경우를 보여주는 예시다. 상속받은 부모 클래스의 기능은 바뀌지 않았지만, 일부 자식 클래스는 부모 클래스와 다른 연산을 수행하고 있다.

코드 112

```csharp
class Drawing
{
    public virtual void Draw()
    {
        Console.WriteLine("동그라미를 그립니다.");
    }
}

class Triangle : Drawing
{
    public override void Draw()
    {
        Console.WriteLine("세모를 그립니다.");
    }
}

class Rectangle : Drawing
{
    public override void Draw()
    {
        Console.WriteLine("네모를 그립니다.");
    }
}
```

```
class Program
{
    static void Main( )
    {
        // 부모 클래스를 그대로 상속 받아 사용하고 있다.
        Drawing d = new Drawing( );
        d.Draw( );

        // 상속을 받았지만, 자식클래스의 인스턴스를 생성하고 있다.
        Drawing t = new Triangle( );
        t.Draw( );   // 자식 클래스(Triangle)에서 제공하는 함수를 실행한다.

        // 상속을 받았지만, 자식클래스의 인스턴스를 생성하고 있다.
        Drawing r = new Rectangle( );
        r.Draw( );   // 자식 클래스(Rectangle)에서 제공하는 함수를 실행한다.
    }
}
```

앞의 코드는 일반적인 상속과 다르다. 보통 클래스의 인스턴스를 생성하는 방식은 'Drawing d = new Drawing( )'인데 비해, 앞의 예시에서 'Drawing t = new Triangle( )'이라고 클래스의 이름(Drawing)과 생성하려는 인스턴스의 이름(Triangle)이 서로 다르다. 이렇게 함으로써 실제 생성되는 인스턴스는 부모 클래스의 객체가 아닌 지식 클래스(Triangle)의 객체가 된다. 따라서 't.Draw( )'를 통해 호출되는 함수는 부모 클래스의 Draw( )가 아닌 자식 클래스의 Draw( )인 것이다. 즉, 키워드 virtual과 override에 의해 부모 클래스에 존재하던 Draw( ) 함수를 자식 클래스의 Draw( ) 함수가 덮어쓴 것이다. 하지만 부모 클래스에서 정의한 함수 Draw( ) 역시 그 기능을 상실하지 않는다는 점도 기억해야 한다(d.Draw( )).

이와 달리 부모 클래스의 기능을 유지하면서 자식 클래스마다 독특한 연산을 추가하는 것도 가능하다. 이를 위해서는 특별히 'base 키워드'를 사용한다. 다음 프로그램을 통해 이것을 이해해 보자. 20초 단위로 신호등 프로그램이다.

코드 113

```
class TrafficLight
{
    protected int second;

    public virtual void GetSecond( )
    {
        second = DateTime.Now.Second;   // 시스템 시계에서 '초' 정보를 가져온다.
        Console.Write(second + "초입니다, ");
    }
}

class GoStringt : TrafficLight
{
    public override void GetSecond( )
    {
        base.GetSecond( );

        if ( second >= 0 && second <= 19 )
        { Console.WriteLine("직진하세요!"); }

        else
        { Console.WriteLine("직진을 하지 마세요!"); }
    }
}
```

```
class TurnRight : TrafficLight
{
    public override void GetSecond( )
    {
        base.GetSecond( );

        if ( second >= 20 && second <= 39 )
        { Console.WriteLine("우회전을 하세요!"); }

        else
        { Console.WriteLine("우회전을 하지 마세요!"); }
    }
}

class TurnLeft : TrafficLight
{
    public override void GetSecond( )
    {
        base.GetSecond( );

        if ( second >= 40 && second <= 60 )
        { Console.WriteLine("좌회전을 하세요!"); }

        else
        { Console.WriteLine("좌회전을 하지 마세요!"); }
    }
}

class Program
{
    static void Main( )
    {
        TrafficLight light1 = new GoStringt( )
        light1.GetSecond( );

        Console.WriteLine( );
```

```
TrafficLight light2 = new TurnRight( );
light2.GetSecond( );

Console.WriteLine( );

TrafficLight light3 = new TurnLeft( );
light3.GetSecond( );
    }
}
```

앞 프로그램의 모든 기능은 **초(second)**에 대한 정보를 필요로 한다. 따라서 이 부분은 부모 클래스에 구현하고 자식 클래스는 각자 필요한 기능을 수행하도록 만들었다. 부모 클래스에서 가져온 정보를 변형없이 유지하기 위해 'base.GetSecond( )'를 사용하고 있었다는 점을 기억하자. 이는 〈코드.112〉에서 부모 클래스의 'Draw( )' 함수와 자식 클래스의 'Draw( )' 함수가 서로 의존하지 않고 각자의 역할을 하던 것과는 다른 모습이다.

5.7

추상 클래스

앞서 설명한 '다형성'은 서로 다른 자식 클래스가 부모 클래스로부터 동일한 함수를 물려받되, 자식 클래스의 필요에 따라 서로 다른 기능을 수행하도록 만드는 것이었다. 그리고 이를 위해 virtual 키워드와 override 키워드를 사용했었다. 그러나 같은 상황을 해결하는 또 다른 방법이 존재한다.

부모 클래스의 함수를 **추상**abstract으로 선언하는 것이 그것인데, 일반적인 상속과 다른 점은 추상으로 선언된 함수는 반드시 자식 클래스에서 함수를 따로 정의해주어야 한다는 것이다. 그리고 해당 자식 클래스는 반드시 'override' 키워드로 선언해야 한다.

그리고 추상으로 선언한 함수를 가지려면, 해당 함수를 포함하는 클래스 역시 추상으로 선언해야 한다. 이때 추상으로 선언한 함수는 자신만의 연산(명령문)을 가질 필요가 없다. 자식 클래스에 의해 100% 대체될 것이기 때문에 추상 클래스에 어떠한 연산을 정의하는 것은 무의미한 일이기 때문이다.

```
코드 114

abstract class Maker
{
    public abstract void MadeWhere( );

    public void Warehouse( )
    {
        Console.WriteLine("상품 등록 완료");
        Console.WriteLine( );
    }
}

class Korea : Maker
{
    public override void MadeWhere( )
    { Console.WriteLine("국산입니다"); }
}

class China : Maker
{
    public override void MadeWhere( )
    { Console.WriteLine("중국산입니다"); }
}

class Program
{
    static void Main( )
    {
```

```
        Maker k = new Korea( );
        k.MadeWhere( );
        k.Warehouse( );


        Maker c = new China( );
        c.MadeWhere( );
        c.Warehouse( );
    }
  }
```

아무 연산도 하지 않는 부모 클래스가 왜 필요한지 궁금할 것이다. 추상 클래스가 존재하는 이유는 **강제성**을 부여하기 위해서다. 앞에서처럼 각각의 제품이 어느 나라에서 만들어졌는지 확인하고 등록하는 프로그램을 만들 때 상속과 추상 클래스를 사용하면 코드 작성의 **틀**을 강제할 수 있다. 다시 말해, 추상 클래스는 실제 연산의 기능을 가지지는 않지만, 코딩하는 데 있어 일정한 양식을 제시하기 위해 사용한다.

이러한 추상 클래스는 다음과 같은 특징을 가진다.

1. 추상 클래스는 static이나 virtual 키워드를 사용할 수 없다.

---

2. 추상 클래스는 Maker m = new Maker( )처럼 자기 자신의 인스턴스를 생성할 수 없다.

---

3. 추상 메소드는 접근제한자를 private으로 선언할 수 없다.

-----

4. 추상 메소드는 개별 연산을 수행할 수 없다. 하지만 추상이 아닌 메소드를 가질 수 있다.

코딩을 하는 데 있어 일정한 '양식을 제시'하는 것은 한 명의 프로그래머가

작업할 때도 프로그램의 설계에 어긋나지 않게 도울 수 있지만,

여러 명의 프로그래머가 공동작업을 할 때는 그 역할이 더욱 중요해진다.

5.8

인터페이스

인터페이스interface는 추상 클래스보다 높은 수준의 추상 멤버로만 구성된 클래스를 말한다. 클래스를 인터페이스로 선언하면 이에 속한 모든 멤버들은 별로의 선언이 없어도 추상의 속성을 가지게 되며, 모두 public으로 간주한다. 즉, 클래스 밖에서도 얼마든지 호출이 가능하다는 뜻이다. 그러나 인터페이스는 함수, 프로퍼티, 인덱서 등 모든 것을 가질 수 있지만, 변수는 가질 수 없다.

여기서 추상의 속성을 가진다는 것은 개별적인 연산을 수행할 수 없다는 말이다. 즉, 인터페이스로 정의한 클래스의 모든 멤버는 어떤 기능도 가질 수 없다. 물론, 특정 연산을 정의할 수 있겠지만, 어차피 자식 클래스에 의해 대체될 것이기 때문에 무의미하다.

인터페이스가 추상 클래스와 다른 점은 자식 클래스에 override 키워드를 사용하지 않는다는 점이다. 이는 애초에 인터페이스가 오직 상속과 추상만을 위해 존재하기 때문인데, override 키워드를 사용하면 오히려 오류가 발생한다.

인터페이스가 존재하는 이유는 (추상 클래스와 마찬가지로) **양식의 강제성**을 부여하기 위해서다. 앞에서도 언급한 것처럼, 이러한 양식의 제공은 특히 여러 명의 프로그래머가 공동작업을 할 때 매우 중요한 역할을 하게 된다.

인터페이스를 정의할 때 접근 제한자 public은 써도 되고 생략해도 된다.

하지만 override 키워드는 사용할 수 없다.

인터페이스로 선언한 클래스의 이름은 대문자 'I'로 시작하는 것이 관행이고,

거의 절대적으로 지켜진다.

```
코드 115

interface IMaker   // public interface IMaker 이라고 선언해도 된다.
{
    // public void MadeWhere( ) 라고 선언해도 된다.
    void MadeWhere( );

    // public void Warehouse( ) 라고 선언해도 된다.
    void Warehouse( );
}
```

```csharp
class Korea : IMaker
{
    // override void MadeWhere( ) 이라고 선언할 수 없다.
    public void MadeWhere( )
    { Console.WriteLine("국산입니다"); }

    public void Warehouse( )
    { Console.WriteLine("상품 등록 완료\n"); }
}

class China : IMaker
{
    // override void MadeWhere( ) 이라고 선언할 수 없다.
    public void MadeWhere( )
    { Console.WriteLine("중국산입니다"); }

    public void Warehouse( )
    { Console.WriteLine("상품 등록 완료\n"); }
}

class Program
{
    static void Main( )
    {
        IMaker k = new Korea( );
        k.MadeWhere( );
        k.Warehouse( );

        IMaker c = new China( );
        c.MadeWhere( );
        c.Warehouse( );
    }
}
```

앞의 코드를 살펴보면 사실 몇몇 키워드를 적지 않았다는 것을 제외하면 추상 클래스와 같아 보인다. 이처럼 추상 클래스와 인터페이스의 차이점은 때때로 모호하게 보일 수 있다. 하지만 상속이나 추상 클래스로는 구현할 수 없는 인터페이스만의 고유한 기능이 있다.

일반적인 상속은 하나의 부모 클래스에 여러 자식 클래스가 존재할 수 있지만, 하나의 자식 클래스에 여러 부모 클래스가 존재할 수 없었다. 하지만 인터페이스를 이용하면 하나의 자식 클래스가 여러 부모 클래스로부터 상속을 받을 수 있다(이를 **다중 상속**이라고 한다). 그리고 이것이 인터페이스가 존재하는 이유라고 할 수 있다. 다음 그림과 같이 하나의 자식 클래스가 둘 이상의 부모 클래스를 가지는 경우를 생각해볼 수 있겠다.

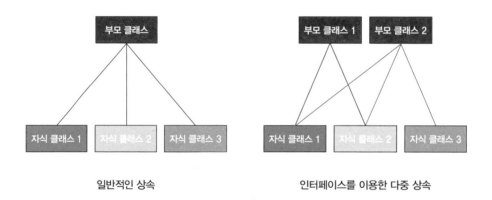

일반적인 상속   인터페이스를 이용한 다중 상속

다중 상속을 구현하는 방법은 자식 클래스를 선언할 때 클래스의 이름 옆에 상속받을 부모 클래스를 콤마(,)로 열거해 주면 된다.

```
interface IMaker
{
    void MadeWhere( );

    void Warehouse( );
}

interface IOwner
{
    void WhoOwns( );

    void Customs( );
}

// 하나의 자식 클래스가 두 개의 부모 클래스로부터 상속을 받고 있다.
class Korea : IMaker, IOwner
{
    public void MadeWhere( )
    { Console.WriteLine("국산입니다"); }

    public void Warehouse( )
    { Console.WriteLine("상품 등록 완료"); }

    public void WhoOwns( )
    { Console.WriteLine("대한민국 회사 제품입니다"); }

    public void Customs( )
    { Console.WriteLine("관세 납부 완료"); }
}

// 하나의 자식 클래스가 두 개의 부모 클래스로부터 상속을 받고 있다.
class China : IMaker, IOwner
{
    public void MadeWhere( )
    { Console.WriteLine("중국산입니다"); }
```

```csharp
    public void Warehouse( )
    { Console.WriteLine("상품 등록 완료"); }

    public void WhoOwns( )
    { Console.WriteLine("일본 회사 OEM 제품입니다"); }

    public void Customs( )
    { Console.WriteLine("관세 납부 완료"); }
}

class Program
{
    static void Main( )
    {
        IMaker km = new Korea( );
        IOwner ko = new Korea( );
        km.MadeWhere( );
        km.Warehouse( );
        ko.WhoOwns( );
        ko.Customs( );

        IMaker cm = new China( );
        IOwner co = new China( );
        cm.MadeWhere( );
        cm.Warehouse( );
        co.WhoOwns( );
        co.Customs( );
    }
}
```

이처럼 인터페이스를 사용하면 하나의 자식 클래스가 둘 이상의 부모 클래스에게 상속을 받을 수 있다. 이러한 다중 상속의 허용은 프로그램의 설계에 있어 더 많은 유연성을 보장해준다.

5.9

구조체

구조체[struct]는 많은 부분에서 클래스처럼 보일 수 있지만 구조체는 클래스가 아닌 **자료형**으로, 변수들을 한데 묶어 캡슐화한 것이다. 따라서 그 기능이 클래스보다 제한적일 수밖에 없다. 예를 들어, 구조체는 상속할 수 없고 virtual 함수와 매개 변수를 가지지 않는 **생성자**를 가질 수 없다는 점 등이 그것이다. 하지만 클래스가 아니기 때문에 사용하기 전에 인스턴스를 생성할 필요가 없다는 점은 편리하다.

구조체로 선언하기 위해서는 다음과 같이 구조체 이름 앞에 'struct'라는 키워드를 붙인다.

```
struct School
{
    public string schName;
    public string stName;
    public int stGrade;
}

class Program
{
    static void Main( )
    {
        // School sc = new School( )이 아니었다는 사실을 기억하자.
        // 즉, 변수명의 선언처럼 별도의 인스턴스를 생성없이 사용한다.
        School sc;
        sc.schName = "레이크사이드 고등학교";
        sc.stName = "빌 게이츠";
        sc.stGrade = 3;

        Console.WriteLine("{0} 학생은 {1} {2}학년입니다.", sc.stName, sc.schName, sc.stGrade);
    }
}
```

구조체는 기본적으로 변수의 집합이다. 물론, 구조체도 자신만의 함수를 가질 수 있고, 프로퍼티, 인덱서 등도 가질 수 있다. 다만, 구조체가 변수 이상의 멤버를 가지는 경우에는 인스턴스를 생성해서 사용하게 되는데, 이렇게 되면 구조체를 사용하는 이유가 모호해진다. 따라서 변수 이상의 멤버를 포함하는 경우에는 클래스로 구현하는 것이 일반적이다.

```
struct Coordinates
{
    public int x;
    public int y;

    // 구조체가 자신만의 생성자를 포함하고 있다.
    public Coordinates(int x, int y)
    {
        this.x = x;
        this.y = y;
    }
}

class Program
{
    static void Main( )
    {
        Console.Write("X 값:   ");
        int x = Convert.ToInt32(Console.ReadLine( ));

        Console.Write("Y 값:   ");
        int y = Convert.ToInt32(Console.ReadLine( ));

        // 구조체가 변수 이상의 멤버를 가진 경우 인스턴스를 생성해야 한다.
        Coordinates c = new Coordinates(x, y);

        Console.WriteLine("좌표값은 ({0}, {1})입니다.", c.x, c.y);
    }
}
```

구조체에 포함된 변수만 사용할 때와 달리, 클래스의 생성자를 함께 사용하는 경우에는 앞에서처럼 인스턴스를 생성해주어야 한다.

지금까지의 설명을 보면, 구조체로 할 수 있는 것은 사실 클래스로도 구현할 수 있다는 말인데, 그렇다면 구조체가 존재하는 이유는 무엇일까? 구조체는 기본적으로 값에 대한 참조이기 때문에 빠르고 가벼울 수밖에 없다. 따라서 오직 값에 대한 저장과 참고를 목적으로 할 때는 **구조체**를 사용하고, 특정 연산을 목적으로 할 때는 **클래스**를 사용하는 것이 바람직하다.

클래스 vs. 구조체

일반적으로 클래스는 복잡한 연산이나 자료를 다루기 위해 사용한다. 이에 비해 구조체는 작은 크기의 자료구조에 적당하다. 사실 C#의 모든 자료형 int, double, bool, char, 등은 모두 구조체에 속한다.

5.10

델리게이트

C#의 모든 변수는 데이터를 저장하기 위해 존재한다는 것은 이미 알고 있는 사실이다. 그러면 '함수' 자체를 저장할 수도 있을까? 가능하다. 정수를 담는 변수를 'int'로 선언하고, 문자를 담는 변수를 'char'로 선언하듯, 함수를 담는 변수는 **델리게이트**^{delegete}로 선언한다.

하나의 델리게이트는 필요에 따라 여러 함수를 담을 수 있어 편리하며, 다음과 같은 규칙을 따른다.

```
delegate 반환자료형 델리게이트명(매개변수);
```

1. 델리게이트를 사용하는 함수는 public으로 선언되어야 한다.

2. 델리게이트의 반환자료형은 자신이 대리하려는 함수의 반환자료형과 같아야 한다.

3. 델리게이트가 매개변수를 가지면 이는 대리하려는 함수의 매개변수와 같은 형식이어야 한다. 즉, 대리하려는 함수가 매개변수를 가지지 않으면 델리게이트 역시 매개변수를 가질 수 없다.

그리고 선언된 델리게이트는 다음과 같은 형식으로 사용한다.

```
델리게이트명 델리게이트변수명 = <클래스명.함수명>;

델리게이트변수명(매개변수);
```

C# 1.0에서는 델리게이트명 델리게이트변수명 = new 델리게이트명 (클래스명.함수명):의 형식으로 클래스의 인스턴스를 생성할 때와 같은 형식이었지만, C# 2.0부터 위와 같은 방식을 지원하기 시작했다.

따라서 지금은 앞 두 개의 구문 양식을 모두 사용할 수 있다.

```csharp
using System;

namespace DelegateDemo_1
{
    // 델리게이트에서 사용할 클래스와 함수 선언
    class Print
    {
        public void PrintOut(string str)
        {
            Console.WriteLine(str);
        }
    }

    // 델리게이트 선언
    delegate void PrintDelegate(string str);

    class Program
    {
        static void Main( )
        {
            /* 코딩 순서
                (1) 함수를 사용하기 전에 함수를 가진 클래스의 인스턴스 생성
                (2) 델리게이트의 객체 생성
                (3) 델리게이트 호출
            */

            Print p = new Print( );
            PrintDelegate pdg = p.PrintOut;
            pdg("델리게이트 호출 성공!");
        }
    }
}
```

앞의 예시와 같이 단 하나의 함수를 위해 델리게이트를 만드는 것은 매우 불필요해 보인다. 맞다. 단 하나의 함수를 대리하기 위해 델리게이트를 사용하는 것은 코드의 작성을 오히려 어렵게 만들 뿐 별로 도움이 되지 않는다. 하지만 여러 개의 함수를 하나의 델리게이트로 호출해서 사용하는 경우에는 상황이 달라진다. 이를 **멀티케스트 델리게이트**^{multicast delegate}라고 부르는데, 이것이 델리게이트가 존재하는 이유라고 할 수 있다.

단, 멀티케스트 델리게이트를 사용하고자 하는 모든 함수는 똑같은 파라미터의 구성(시그니처)을 가져야 하고, 같은 구조를 가지는 함수라면 어떤 함수라도 하나의 델리게이트로 호출할 수 있다.

코드 120

```csharp
using System;

namespace DelegateDemo_2
{
    // 델리게이트에서 사용할 클래스와 함수 선언
    class Print1
    {
        public void PrintOut1(string str)
        {
            Console.WriteLine("PrintOut1: " + str);
        }

        public void PrintOut2(string str)
        {
            Console.WriteLine("PrintOut2: " + str);
        }
    }
```

```csharp
// 델리게이트에서 사용할 또 다른 클래스와 함수 선언
class Print2
{
    public void PrintOut3(string str)
    {
        Console.WriteLine("PrintOut3: " + str);
    }
}

// 델리게이트를 한번만 선언
delegate void PrintDelegate(string str);

class Program
{
    static void Main( )
    {
        /* 코딩 순서
            (1) 함수를 사용하기 전에 함수를 가진 클래스의 인스턴스 생성
            (2) 델리게이트의 객체 생성
            (3) 델리게이트 호출
        */

        Print1 p1 = new Print1( );

        // 델리게이트 선언은 단 한 번만 이루어진다.
        PrintDelegate pdg = p1.PrintOut1;

        pdg("델리게이트1 호출 성공");

        // 델리게이트 pdg에 다른 함수를 값으로 전달하고 있다.
        pdg = p1.PrintOut2;
        pdg("델리게이트2 호출 성공");

        // PrintOut3는 다른 클래스에 있음으로 또 다른 인스턴스 생성
        Print2 p2 = new Print2( );
```

```
// 델리게이트를 따로 선언하지 않은 채 재사용하고 있다.
pdg = p2.PrintOut3;
pdg("델리게이트3 호출 성공");
        }
    }
}
```

앞의 코드에서 눈여겨봐야 할 것은, 단 한 번의 델리게이트 선언으로 서로 다른 클래스 'Print1'과 'Print2'의 함수를 자유자재로 호출하여 사용하고 있다는 점이다. 이를 통해 델리게이트는 특정한 함수를 대리하는 것이 아닌, 함수의 특정한 구조를 대리한다는 사실을 알 수 있다.

델리게이트를 사용할 때 가장 큰 이점은, 이를 통해 함수 자체를 캡슐화할 수 있다는 것이다.

5.11

제네릭

제네릭 자료형

변수를 사용하기 위해서는 변수의 자료형을 미리 정해주어야 한다. 간결하고 이해하기 쉬운 이 방법은 그러나 유연성이 부족하고 많은 경우 오류의 원인이 되기도 한다. 개발자가 예상하지 못한 자료의 입력 때문일 것이다. 자료 입력의 형태를 제한해야 하는 경우도 물론 있지만, 자료의 입력에 따라 프로그램이 반응해야 하는 경우도 존재한다. 바로 이때 사용하는 것이 바로 **제네릭**generic이다.

제네릭 자료형generic type을 사용하면 클래스에서 사용할 자료의 형식을 클래스 내부가 아닌 '외부'에서 정하게 된다. 즉, 입력값에 따라 그때 그때 자료형이 정해지는 것이다. 미리 정해진 자료형을 사용하지 않다 보니 프로그래밍이 용이해질 뿐만 아니라, 하나의 연산을 위해 만들어진 코드를 여러 다른 자료형의 입력에도 재사용할 수 있는 편리함이 생긴다.

예를 들어, 배열을 그대로 복사하여 값을 반환하는 다음과 같은 함수를
생각해보자.

```csharp
static int[ ] ArrayCopy(int[ ] src)
{
    int[ ] trg = new int[src.Length];

    for ( int i = 0; i < src.Length; i++ )
    {
        trg[i] = src[i];
    }

    return trg;
}

static void Main( )
{
    int[ ] arr1 = new int[3];

    for ( int i = 0; i < 3; i++ )
    {
        Console.Write("정수를 입력하세요: ");
        arr1[i] = Convert.ToInt32(Console.ReadLine( ));
    }

    int[ ] arr2 = ArrayCopy(arr1);

    Console.WriteLine( );
```

```
        for ( int i = 0; i < arr2.Length; i++ )
        {
            Console.WriteLine(arr2[i]);
        }
}
```

앞의 함수는 자신의 역할을 훌륭하게 해낼 것이다. 그러나 이 함수는 오
직 정수형 배열에만 사용할 수 있다. 따라서 실수형 자료까지 처리하려면
코드가 거의 똑같음에도 불구하고 다시 만들어야 한다.

코드 122

```
static double[ ] ArrayCopy(double[ ] src)
{
    double[ ] trg = new double[src.Length];

    for ( int i = 0; i < src.Length; i++ )
    {
        trg[i] = src[i];
    }

    return trg;
}

static void Main( )
{
    double[ ] arr1 = new double[3];
```

```
for ( int i = 0; i < 3; i++ )
{
    Console.Write("실수를 입력하세요: ");
    arr1[i] = Convert.ToDouble(Console.ReadLine( ));
}

double[ ] arr2 = ArrayCopy(arr1);

Console.WriteLine( );

for ( int i = 0; i < arr2.Length; i++ )
{
    Console.WriteLine(arr2[i]);
}
}
```

이와 같이 사실상 '똑같은' 연산을 위해 두 개의 다른 코드를 작성한다는
것은 매우 비효율적이다. 바로 이 때 우리는 **제네릭**을 사용한다. 제네릭을
사용하여 자료형에 대한 선언을 제외한 나머지 부분만 코딩한 뒤, 자료형
에 대해서는 컴파일러가 알아서 처리하도록 만드는 것이다.

제네릭을 사용하기 위해서는 int, double, string과 같은 자료형 이름 대
신 그냥 'T'라고 적고, 이에 적용받는 함수의 이름 뒤에 '〈T〉'라고 적어
준다.

```
static T[ ] ArrayCopy<T>(T[ ] src)
{
    T[ ] trg = new T[src.Length];

    for ( int i = 0; i < src.Length; i++ )
    {
        trg[i]  = src[i];
    }

    return trg;
}

static void Main( )
{
    int[ ] arr1 = new int[3];

    for ( int i = 0; i < 3; i++ )
    {
        Console.Write("정수를 입력하세요: ");
        arr1[i] = Convert.ToInt32(Console.ReadLine( ));
    }

    // 입력값이 정수형임을 밝힌다.
    int[ ] arr2 = ArrayCopy<int>(arr1);

    Console.WriteLine( );

    for ( int i = 0; i < arr2.Length; i++ )
    {
        Console.WriteLine(arr2[i]);
    }

    Console.WriteLine( );

    double[ ] arr3 = new double[3];
```

```
for ( int i = 0; i < 3; i++ )
{
    Console.Write("실수를 입력하세요: ");
    arr3[i] = Convert.ToDouble(Console.ReadLine( ));
}

// 입력값이 실수형임을 밝힌다.
double[ ] arr4 = ArrayCopy<double>(arr3);

Console.WriteLine( );

for ( int i = 0; i < arr3.Length; i++ )
{
    Console.WriteLine(arr4[i]);
}
}
```

이처럼 함수의 자료형을 제네릭으로 선언하면 같은 코드를 다시 작성하지 않고도 함수를 재사용할 수 있다. 다만 함수를 호출하는 순간에 '⟨int⟩, ⟨double⟩'처럼 입력될 자료형이 무엇인지만 밝혀주면 된다.

앞에서 사용한 'T'는 'Type'의 약자다. 사실 여러분이 원하는 어떤 이름도 사용할 수 있다(한 글자가 아닌 여러 글자의 이름도 가능하다). 하지만 'T'라고 부르는 것이 관행이다(관행은 따르는 것이 무조건 좋다).

제네릭의 강력함은 여기서 그치지 않는다. 다음과 같이 하나의 함수에서 여러 종류의 자료형을 동시에 사용할 수 있게 만들 수도 있다.

```csharp
static void UserInput<T1, T2>(T1 x, T2 y)
{
    Console.WriteLine("입력한 값은 " + x + " 그리고 " + y + " 입니다.");
}

static void Main( )
{
    double p = 3.14;
    string s = "Hello World!";

    UserInput(p, s);

    // 함수에 전달되는 인수의 순서를 바꾸고 있다.
    // 그럼에도 불구하고 아무런 문제가 발생하지 않는다.
    UserInput(s, p);
}
```

제네릭 클래스

제네릭 타입은 클래스에도 적용할 수 있는데, 이를 **제네릭 클래스**^{generic class}라 부른다. 제네릭 클래스가 가장 보편적으로 사용되는 경우는 자료를 적재하고자 할 때다. 즉, 적재되는 자료형이 무엇이든 같은 기능을 수행하는 클래스가 필요하다면 입력되는 자료형마다 코드를 새로 짜는 것보다 다음과 같이 제네릭으로 선언해주는 것이 편리할 것이다.

```
class GenClass<T>   // 클래스를 제네릭으로 선언하고 있다.
{
    int index = 0;   // 멤버 변수 모두가 제네릭으로 선언되어야 하는 것은 아니다.
    T[ ] TArray = new T[10];

    public void Push(T item)   // 함수의 매개변수를 제네릭으로 선언하고 있다.
    {
        TArray[index++] = item;   // 입력을 받은 후 인덱스 값을 1 증가시킨다.
    }

    public T Pop(int x)   // 함수의 반환값을 제네릭으로 선언하고 있다.
    {
        return TArray[x];
    }
}

class Program
{
    static void Main( )
    {
        // 인스턴스를 생성할 때 원하는 자료형을 밝혀야 한다.
        GenClass<int> intArray = new GenClass<int>( );
        GenClass<char> charArray = new GenClass<char>( );

        intArray.Push(3);
        intArray.Push(6);
        charArray.Push('A');
        charArray.Push('B');

        Console.WriteLine("두 번째 입력값은 각각 {0}과 \'{1}\'입니다.",
                        intArray.Pop(1), charArray.Pop(1));
    }
}
```

앞의 코드에서처럼 클래스 자체를 제네릭으로 선언하면 해당 클래스는 최소한 1개 이상의 제네릭 멤버를 가져야 한다. 그리고 클래스의 인스턴스를 생성할 때 원하는 자료형을 선언한다. 이처럼 제네릭은 변수나 함수뿐만 아니라 클래스와 인터페이스에도 두루 사용할 수 있다.

앞의 코드를 실행하면, 미리 선언된 배열에 자료를 하나씩 순차적으로

적재해나간다. 이러한 자료구조를 일명 **스택**(stack)이라고 하는데,

이에 대해서는 7장에서 공부할 것이다.

5.12

리스트

리스트

리스트[List]는 배열과 유사하다. 하지만 배열에 비해 자료의 입출력이 더 역동적이고 특히 크기를 자유자재로 조절할 수 있다. 배열의 경우 최초 선언하는 시점에 크기를 미리 정해야 하지만, 리스트는 선언할 때의 크기 '0'에서부터 자료가 입력됨에 따라 '4', '8', ...처럼 크기가 2배씩 증가한다. 즉, 데이터의 수가 리스트의 범위를 초과하는 경우 자동으로 용량을 2배씩 증가시키는 것이다. 따라서 리스트를 사용하면 크기에 신경을 쓰지 않아도 된다. 그리고 리스트는 다양한 프로퍼티와 함수를 포함하고 있기 때문에 배열에 비해 훨씬 효율적인 데이터 및 자원 관리가 가능하다. 따라서 현대 프로그래밍에서는 배열보다 리스트의 사용을 권장하고 있다.

리스트를 사용하려면 using 문을 이용하여 'System.Collections.Generic'을
먼저 호출해야 한다.

클래스의 인스턴스를 생성할 때와 마찬가지로 리스트 역시 리스트의 인
스턴스를 생성한 뒤에 사용한다.

```
List<자료형> 리스트명 = new List<자료형>( );
```

코드 126

```csharp
using System;
using System.Collections.Generic;

namespace ListDemo_1
{
    class Program
    {
        static void Main( )
        {
            // 리스트의 인스턴스를 생성한다. 이때 자료형을 함께 제시한다.
            List<int> li = new List<int>( );

            // 입력값이 없으므로 현재 리스트의 크기는 '0'이다.
            Console.WriteLine("현재 리스트의 크기는 " + li.Capacity + " 입니다.");
            Console.WriteLine("현재 리스트에는 " + li.Count + "개의 자료가 있습니다.\n");

            li.Add(1);
```

```
// 입력이 시작되면 리스트의 크기는 '4'로 증가한다.
Console.WriteLine("현재 리스트의 크기는 " + li.Capacity + " 입니다.");
Console.WriteLine("현재 리스트에는 " + li.Count + "개의 자료가 있습니다.\n");

li.Add(3);
li.Add(5);
li.Add(12);
li.Add(43);    // 5번째 입력 자료, 리스트의 크기는 4에서 8로 증가한다.

Console.WriteLine("현재 리스트의 크기는 " + li.Capacity + " 입니다.");
Console.WriteLine("현재 리스트에는 " + li.Count + "개의 자료가 있습니다.\n");
        }
    }
}
```

프로퍼티와 함수	기능
Count	리스트에 저장된 자료가 몇 개인지 세는 프로퍼티
Capacity	해당 리스트가 가질 수 있는 자료의 최대 수를 보여주는 프로퍼티
Clear( )	리스트 안에 있는 모든 자료를 삭제하는 함수
TrimExcess( )	초과하여 할당한 메모리를 반환하는 함수. 리스트의 크기를 리스트에 저장된 자료의 수에 맞춘다. 모든 자료의 입력이 끝난 뒤에는 반드시 실행해주는 것이 좋다. 이렇게 함으로써 불필요한 컴퓨터 자원의 낭비를 막을 수 있다. 단, 자료가 추가되는 경우 TrimExcess( )에 의해 맞춰진 리스트의 크기를 기준으로 2배씩 증가한다.
Sort( )	리스트 안에 저장된 자료를 오름차순으로 정렬하는 함수
Reverse( )	리스트 안에 저장된 자료의 저장 순서를 반대로 바꾸는 함수
ToArray( )	리스트 안에 있는 자료들을 새로운 배열로 복사하는 함수
Add(T t)	리스트에 자료를 추가하는 함수

프로퍼티와 함수	기능
AddRange(리스트명)	리스트 안에 저장된 모든 자료를 리스트의 마지막에 복사하여 추가하는 함수
Insert(int i, T t)	주어진 위치에 주어진 자료를 추가하는 함수. 리스트의 마지막에 자료를 추가하는 Add(T t)와는 다르다.
InsertRange (int i, 리스트명)	주어진 위치에 주어진 위치 직전까지의 모든 자료를 복사하여 추가하는 함수. 즉, 리스트에 1234가 이미 있고, InsertRange(3, list)라고 명령하면 리스트의 값은 1231234가 된다.
Remove(T t)	리스트를 검색하여 주어진 값을 찾아 삭제하는 함수. 단, 중복된 값이 있더라도 맨 처음 찾은 값 하나만 삭제하게 된다. 자료를 삭제하더라도 리스트의 크기까지 줄어들지는 않는다. 리스트의 크기를 줄이려면 TrimExcess( )함수를 사용해야 한다.
RemoveAt(index)	주어진 인덱스 위치의 자료를 삭제하는 함수
RemoveRange (index, count)	주어진 인덱스 위치부터 count에 의해 주어진 개수만큼 자료를 삭제하는 함수
Contain(T t)	주어진 값이 리스트에 저장되어 있는지 확인하는 함수. 존재하면 true, 존재하지 않으면 false 값을 반환한다.
IndexOf(T t)	주어진 값이 처음 저장된 위치값(인덱스)을 반환하는 함수

이제 프로퍼티와 함수를 이용한 코드를 만들어 각각의 결과값이 어떻게
다른지 확인해보자.

```csharp
using System;
using System.Collections.Generic;

namespace ListDemo_2
{
    class Program
    {
        static void Main( )
        {
            List<string> li = new List<string>( );

            Console.WriteLine("현재 리스트에는 " + li.Count + "개의 자료가 있습니다.");
            Console.WriteLine("현재 리스트의 크기는 " + li.Capacity + " 입니다.\n");

            li.Add("James");

            Console.WriteLine("현재 리스트에는 " + li.Count + "개의 자료가 있습니다.");
            Console.WriteLine("현재 리스트의 크기는 " + li.Capacity + " 입니다.\n");

            li.Add("Andrew");
            li.Add("George");
            li.Add("Donald");
            li.Add("John");

            Console.WriteLine("현재 리스트에는 " + li.Count + "개의 자료가 있습니다.");
            Console.WriteLine("현재 리스트의 크기는 " + li.Capacity + " 입니다.\n");

            li.TrimExcess( );   // 불필요한 공간을 정리한다.

            Console.WriteLine("현재 리스트에는 " + li.Count + "개의 자료가 있습니다.");
            Console.WriteLine("현재 리스트의 크기는 " + li.Capacity + " 입니다.\n");

            li.Add("Susan");
            li.Add("Louisa");
            li.Add("Dolley");
            li.Add("Clara");
```

```
li.Add("Ansel");
li.Add("Grace");

Console.WriteLine("현재 리스트에는 " + li.Count + "개의 자료가 있습니다.");
Console.WriteLine("현재 리스트의 크기는 " + li.Capacity + " 입니다.\n");

li.Remove("Ansel");   // 입력 자료 중 "Ansel"를 찾아 삭제한다.

// 리스트에 들어있는 자료를 순차적으로 출력한다. 배열을 사용하는 것과 다르지 않다.
for ( int x = 0; x < li.Count; x++ )
{ Console.WriteLine(li[x]); }

li.RemoveAt(2);   // 리스트의 3번째 자료를 삭제한다. (인덱스는 '0'부터 시작)
li.TrimExcess( );   // 불필요한 공간을 정리한다.

Console.WriteLine("현재 리스트에는 " + li.Count + "개의 자료가 있습니다.");
Console.WriteLine("현재 리스트의 크기는 " + li.Capacity + " 입니다.\n");

for ( int x = 0; x < li.Count; x++ )
{ Console.WriteLine(li[x]); }

li.InsertRange(3, li);   // 리스트의 3번째까지 자료를 4번째부터 복사해 붙여 넣는다.

Console.WriteLine("현재 리스트에는 " + li.Count + "개의 자료가 있습니다.");
Console.WriteLine("현재 리스트의 크기는 " + li.Capacity + " 입니다.\n");

for ( int x = 0; x < li.Count; x++ )
{ Console.WriteLine(li[x]); }

Console.WriteLine( );

li.RemoveRange(5, 5);   // 6번째 자료부터 이어지는 5개의 자료를 삭제한다.
li.TrimExcess( );   // 불필요한 공간을 정리한다.
li.Sort( );   // 리스트에 있는 자료를 오름차순으로 정렬한다.
```

```
for ( int x = 0; x < li.Count; x++ )
{ Console.WriteLine(li[x]); }

Console.WriteLine("현재 리스트에는 " + li.Count + "개의 자료가 있습니다.");
Console.WriteLine("현재 리스트의 크기는 " + li.Capacity + " 입니다.\n");

li.Add("Henry");

Console.WriteLine("현재 리스트에는 " + li.Count + "개의 자료가 있습니다.");
Console.WriteLine("현재 리스트의 크기는 " + li.Capacity + " 입니다.\n");

Console.WriteLine(li[8]);    // 리스트의 9번째 자료를 출력한다.
        }
    }
}
```

정렬된 리스트

앞서 공부한 리스트와 달리 **정렬된 리스트**^{SortedList}는 '키'와 '자료'를 한 묶음으로 저장한다. 정렬된 리스트를 사용하면 자료의 입출력과 검색 속도를 한층 더 향상시킬 수 있다. 그리고 정렬된 리스트에 저장한 자료는 **키**^{key}를 통해서 접근한다. 정렬된 리스트에 저장할 자료들은 모두 동일한 자료형을 가져야 하며 키에 대한 복재는 허용되지 않는다. 즉, 리스트 안의 모든 키값은 유일한 값이어야 한다는 뜻이며, 키값은 'null'일 수 없다. 단, 저장할 자료에는 이런 규칙이 적용되지 않는다.

null이란, 숫자 '0'이나 '공백문자(space)'와는 다른 것으로,

실질적인 자료값이 없는 단지 비어있는 상태를 말한다.

정렬된 리스트는 최초 선언시 자료형을 함께 선언할 수도 있고, 나중에 자료형을 따로 선언할 수도 있다. 단, 각각의 경우 서로 다른 **네임스페이스**namespace를 필요로 하는데, 자료형을 함께 선언하는 경우 'System. Collections.Generic'가, 자료형을 나중에 선언하는 경우에는 'System. Collections'가 필요하다. 다만, 자료형을 함께 선언해야 더 좋은 성능을 기대할 수 있다.

네임스페이스(namespace)에 대해서는 6장에서 설명하고 있다.

정렬된 리스트를 사용하려면 먼저 인스턴스를 생성해주어야 한다.

```
방법 1.
SortedList 리스트명 = new SortedList( );


방법 2.
SortedList<키, 자료형> 리스트명 = new SortedList<키, 자료형>( );
```

```csharp
using System;
using System.Collections;    // 자료형의 나중에 선언하는 경우 필요
using System.Collections.Generic;    // 자료형을 함께 선언하는 경우 필요


namespace SortedListDemo_1
{
    class Program
    {
        static void Main( )
        {
            // 입력할 자료형을 정하지 않고 있다.
            // 아래와 같은 형식을 사용하려면 <using System.Collections>가 필요
            SortedList sl_1 = new SortedList( );

            sl_1.Add(1, 100);    // 이처럼 자료형에 상관없이 저장이 가능하다.
            sl_1.Add(2, "James");    // 이처럼 자료형에 상관없이 저장이 가능하다.
            sl_1.Add(3, 3.14);    // 이처럼 자료형에 상관없이 저장이 가능하다.

            // 입력할 자료형을 정하고 있다.
            // 아래와 같은 형식을 사용하려면 <using System.Collections.Generic>이 필요
            SortedList<int, string> sl_2 = new SortedList<int, string>( );

            // 이 경우, 정의한 자료형(정수형, 문자열형)만 입력할 수 있다.
            sl_2.Add(9, "Microsoft");

            // 입력된 자료가 하나지만 정확한 키값인 '9'를 적어준다.
            Console.WriteLine(sl_2[9]);
        }
    }
}
```

프로퍼티와 함수	기능
Count	SortedList에 저장된 자료가 몇 개인지 세는 프로퍼티
Capacity	해당 SortedList가 가질 수 있는 자료의 최대 수를 보여주는 프로퍼티
IsFixedSize	해당 SortedList가 고정된 크기인지 보여주는 프로퍼티 (true / false)
IsReadOnly	해당 SortedList가 읽기전용인지 보여주는 프로퍼티 (true / false)
Keys[index]	주어진 인덱스 위치의 키값을 보여주는 프로퍼티: SortedList를 선언할 때 자료형이 미리 정의한 경우에만 사용할 수 있다.
Values[index]	주어진 인덱스 위치의 자료값을 보여주는 프로퍼티: SortedList를 선언할 때 자료형이 미리 정의한 경우에만 사용할 수 있다.
Add(key, value)	주어진 (key, value) 쌍의 값을 SortedList에 추가하는 함수
Remove(value)	주어진 자료값을 검색하여 주어진 값을 찾아 삭제하는 함수. 단, 맨 처음 찾은 값 하나만 삭제한다.
RemoveAt(index)	주어진 인덱스 위치의 자료를 삭제하는 함수
ContainsKey(key)	주어진 키값이 SortedList에 존재하는지 보여주는 함수 (true / false)
ContainsValue(value)	주어진 자료가 SortedList에 존재하는지 보여주는 함수 (true / false)
GetKey(index)	주어진 인덱스 위치의 키값을 반환하는 함수
GetByIndex(index)	주어진 인덱스 위치의 자료값을 반환하는 함수
IndexOfKey(key)	주어진 키값이 저장된 위치(인덱스)를 반환하는 함수
IndexOfValue(value)	주어진 자료값이 처음 저장된 위치(인덱스)를 반환하는 함수
Clear( )	SortedList 안에 있는 모든 자료를 삭제하는 함수
TrimExcess( )	초과하여 할당한 메모리를 반환하는 함수, 리스트의 크기를 리스트에 저장된 자료의 수에 맞춘다. 모든 자료의 입력이 끝난 뒤에는 반드시 실행해주는 것이 좋다. 이렇게 함으로써 불필요한 컴퓨터 자원의 낭비를 막을 수 있다. 단, 자료가 추가되는 경우 TrimExcess( )에 의해 맞춰진 리스트의 크기를 기준으로 2배씩 증가한다. SortedList를 선언할 때 자료형이 미리 정의한 경우에만 사용할 수 있다.

이제 프로퍼티와 함수를 실제로 사용하고 있는 아래 코드를 통해 각각의 결과값을 확인해보자.

코드 129

```
using System;
using System.Collections;
using System.Collections.Generic;

namespace SortedListDemo_1
{
    class Program
    {
        static void Main( )
        {
            // 입력할 자료형을 선언하지 않고 있다.
            // 아래와 같은 형식을 사용하려면 <using System.Collections>가 필요
            // 단, 이 경우 더 많은 메모리를 사용하게 된다.
            SortedList sl_1 = new SortedList( );

            Console.WriteLine("현재 리스트에는 " + sl_1.Count + "개의 자료가 있습니다.");
            Console.WriteLine("현재 리스트의 크기는 " + sl_1.Capacity + " 입니다.\n");

            sl_1.Add(1, 100);
            sl_1.Add(23, "James");   // 이처럼 자료형에 상관없이 저장이 가능하다.
            sl_1.Add(456, 3.14);   // 이처럼 자료형에 상관없이 저장이 가능하다.

            Console.WriteLine("현재 리스트에는 " + sl_1.Count + "개의 자료가 있습니다.");
            Console.WriteLine("현재 리스트의 크기는 " + sl_1.Capacity + " 입니다.\n");

            for ( int i = 0; i ≤ sl_1.Count; i++ )
            { Console.WriteLine("SortedList.Values[{0}] = {1}", i, sl_1[i]); }

            Console.WriteLine(sl_1.ContainsKey(23));
            Console.WriteLine(sl_1.ContainsValue(3.14) + "\n");
```

```
sl_1.Add(321, "Moon");
sl_1.Add(123,  A );
sl_1.Add(234, "Hello World");

Console.WriteLine("현재 리스트에는 " + sl_1.Count + "개의 자료가 있습니다.");
Console.WriteLine("현재 리스트의 크기는 " + sl_1.Capacity + " 입니다.\n");


for ( int i = 0; i < sl_1.Count; i++ )
{ Console.WriteLine("GetKey({0}) = {1}", i, sl_1.GetKey(i)); }

Console.WriteLine( );


for ( int i = 0; i < sl_1.Count; i++ )
{ Console.WriteLine("GetByIndex({0}) = {1}", i, sl_1.GetByIndex(i)); }

Console.WriteLine( );

// 입력할 자료형을 정하고 있다.
// 아래와 같은 형식을 사용하려면 〈using System.Collections.Generic〉이 필요
SortedList<int, string> sl_2 = new SortedList<int, string>( );

sl_2.Add(3, "Microsoft");   // 이 경우, 정의한 형태(문자열)의 자료만 저장할 수 있다.
sl_2.Add(123, "Samsung");
sl_2.Add(234, "SpaceX");

Console.WriteLine("123 키값을 가진 자료의 위치는 "
                  + sl_2.IndexOfKey(123) + " 입니다.");
Console.WriteLine("Samsung의 자료 위치는 "
                  + sl_2.IndexOfValue("Samsung") + " 입니다.\n");


sl_2.TrimExcess( );

Console.WriteLine("현재 리스트에는 " + sl_2.Count + "개의 자료가 있습니다.");
Console.WriteLine("현재 리스트의 크기는 " + sl_2.Capacity + " 입니다.\n");
```

```csharp
        for ( int i = 0; i < sl_2.Count; i++ )
        { Console.WriteLine("SortedList.Keys[{0}] = {1}", i, sl_2.Keys[i]); }

        Console.WriteLine( );

        for ( int i = 0; i < sl_2.Count; i++ )
        { Console.WriteLine("SortedList.Values[{0}] = {1}", i, sl_2.Values[i]); }
    }
  }
}
```

5.13

암시적 변수 선언

var 키워드

C#에서 변수를 사용하는 기본적인 방법은 다음과 같이 변수의 자료형을 먼저 선언하는 것이며, 이를 **명시적 선언**explicit declaraion이라고 한다.

```
int num1 = 10;
```

하지만 C# 3.0부터는 **암시적 선언**implicit declaration 역시 지원한다. 자료형을 정해놓고 이에 맞는 값을 배정하는 명시적 방법과 달리, 암시적으로 선언된 변수는 입력되는 값에 따라 자료형이 결정된다. 그리고 이를 위해 사용하는 키워드는 'var'이다.

```
var num2 = 10;
```

앞과 같이 선언해주면 컴파일러는 배정된 값 '10'을 통해 변수 'num2'에게 적당한 자료형을 지정한다. 따라서 다음 두 코드를 모두 정수형(int32) 변수로 인식될 것이다.

```
int num1 = 10;
var num2 = 10;
```

'var' 키워드는 자료형의 선언이 필요한 대부분의 C# 객체에 사용될 수 있다. 다만 매우 간편해 보이는 var 키워드의 사용에는 몇 가지 제약이 존재한다.

1. 지역 변수에만 사용할 수 있으며, 전역 변수에는 사용할 수 없다.

2. 변수를 선언하는 시점에 반드시 값을 배정해야 한다.

3. 한 번 자료형이 결정된 이후에는 다른 자료형으로 바꿀 수 없다.

4. 함수의 반환값이나 매개변수에 사용할 수 없다.

5. null 값을 가질 수 없다.

다음 코드는 var 키워드 사용할 때 주의사항을 잘 보여준다.

```
class ClassA
{
    var a = 10;  // 오류! 전역 변수에 사용할 수 없다.

    public var Add(int b)  // 오류! 반환자료형으로 사용할 수 없다.
    {
        var c;  // 오류! 선언과 동시에 값을 배정해야 한다.
        c = a + b;
        return c;
    }
}

class ClassB
{
    public void PrintVar(var d)  // 오류! 함수의 매개변수에 사용할 수 없다.
    {
        Console.WriteLine(d);
    }
}

class ClassC
{
    public string AddVars(int e, int f)
    {
        var g = e + f;  // 정수값을 배정했기 때문에 g 역시 정수형으로 지정된다.
        g = "James M.";  // 오류! 자료형이 결정된 이후에 다른 형태의 자료를 입력할 수 없다.
        return g;
    }
}
```

이와 같이 많은 제약이 존재하다 보니, var 키워드의 사용에 대한 다양한
의견이 존재할 수밖에 없다. 그도 그럴 것이 변수의 자료형에 'var'을 많
이 사용하면 할수록 코드를 이해하기 어렵기 때문이다.

그럼에도 불구하고 var을 사용하는 이유는 코드를 단순화할 수 있기 때문이다.

```
static void Main( )
{
    // 일반적인 리스트의 선언
    SortedList<int, string> sl_1 = new SortedList<int, string>( );

    sl_1.Add(1, "Wozniak");
    sl_1.Add(2, "De Anza");
    sl_1.Add(3, "Berkeley");

    // var 키워드를 이용한 리스트의 선언
    var sl_2 = new SortedList<int, string>( );
    sl_2.Add(1, "Jobs");
    sl_2.Add(2, "De Anza");
    sl_2.Add(3, "Reed");

    // 반복문의 카운터 변수로 사용하고 있다.
    for (var i = 0; i < sl_2.Count; i++)
    {
        Console.WriteLine(sl_2.Keys[i] + " " + sl_2.Values[i]);
    }
}
```

앞에서 보는 것처럼, 형 선언이 복잡하고 긴 경우 var 키워드를 사용하여 훨씬 단순한 코드를 만들 수 있다.

익명 타입

단순히 코드를 짧게 쓰기 위해 var 키워드가 존재하는 것은 아니다. 하나의 객체가 여러 다른 형태의 자료를 가진 경우에는 이를 정의할 수 있는 자료형이 존재하지 않기 때문에 'var'을 사용할 수밖에 없다.

가장 대표적인 경우는 **익명 타입**anonymous type일 것이다. 익명 타입은 **읽기 전용**이다. 즉, 한 번 배정된 값은 수정할 수 없다는 뜻인데, 다음과 같이 선언한다.

```
var 익명타입명 = new { 변수명1 = 값1, 변수명2 = 값2, ... 변수명n = 값n }
```

앞과 같이 선언한 익명 타입의 변수들은 마치 프로퍼티처럼 사용하게 된다. 다음 코드를 보자.

```csharp
static void Main( )
{
    // 익명 타입 선언
    var a = new { Name = "James", Age = 35, EyeSight = 0.8 };

    // 익명 타입 호출
    Console.WriteLine("이름 = {0}", a.Name);
    Console.WriteLine("나이 = {0}", a.Age);
    Console.WriteLine("언어 = {0}", a.EyeSight);

    Console.WriteLine( );

    Console.Write("이름을 입력하세요: ");
    string x = Console.ReadLine( );

    Console.Write("나이를 입력하세요: ");
    int y = int.Parse(Console.ReadLine( ));

    Console.Write("시력을 입력하세요: ");
    double z = double.Parse(Console.ReadLine( ));

    // 익명 타입 선언
    var b = new { Name = x, Age = y, EyeSight = z };

    // 익명 타입 호출
    Console.WriteLine("이름 = {0}", b.Name);
    Console.WriteLine("나이 = {0}", b.Age);
    Console.WriteLine("언어 = {0}", b.EyeSight);

    Console.WriteLine( );
```

```
        // 각각의 자료형 확인
        Console.WriteLine(b.GetType( ));
        Console.WriteLine(b.Name.GetType( ));
        Console.WriteLine(b.Age.GetType( ));
        Console.WriteLine(b.EyeSight.GetType( ));
    }
```

이처럼 익명 타입을 사용하면 여러 종류의 자료를 하나의 변수로 관리할 수 있다. 그러나 이를 위해서는 이것을 정의할 수 있는 새로운 자료형이 필요한데, 바로 이때 'var' 키워드를 사용하는 것이다.

데이터베이스와 연결된 프로그램의 경우 '쿼리식'과 '쿼리식의 결과'를 담는 변수가 필요한데, 이 역시 var 키워드를 사용하면 쉽게 해결할 수 있다.

dynamic 키워드

'var' 키워드를 사용하면 좀 더 간결한 코드를 작성할 수 있을 뿐 아니라, 익명 타입과 같이 다양한 형태의 자료를 하나로 묶어줄 수 있다. 하지만 선언 시점에 값을 배정해야 한다는 점과 최초에 배정된 값과 다른 형태의 값을 배정할 수 없다는 점 때문에 var의 쓰임은 매우 제한적일 수밖에 없다.

바로 이러한 불편함을 해결하기 위해 C# 4.0부터 도입된 것이 **동적 변수** dynamic다. 동적 변수를 사용하면 하나의 변수에 자료형이 서로 다른 데이터

값을 자유롭게 배정할 수 있고, 필요에 따라 또 다른 자료형의 데이터로
바꿀 수도 있다.

동적으로 선언한 변수는 프로그램의 실행 시점까지 자료형에 대한 검사
를 하지 않는다. 따라서 개발자의 실수로 인한 오류가 발생할 수 있지만,
다른 자료형이 가지는 제약으로부터 자유로울 수 있다.

다음 프로그램은 〈코드.130〉을 dynamic을 사용해 다시 구성한 것이다.
'var'을 사용할 때와 달리 어떤 오류도 발생하지 않을 것이다.

```
코드 133

class ClassA
{
    dynamic a = 10;   // 전역 변수로 사용할 수 있다.

    public dynamic Add(int b)   // 반환자료형으로 사용할 수 있다.
    {
        dynamic c;   // 선언과 동시에 값이 배정하지 않아도 된다.
        c = a + b;
        return c;
    }
}

class ClassB
{
    public void PrintVar(dynamic d)   // 함수의 매개변수로 사용할 수 있다.
    {
        Console.WriteLine(d);
        Console.WriteLine(d.GetType( ));
    }
}
```

```
class ClassC
{
    public string AddVars(int e, int f)
    {
        dynamic g = e + f;   // 정수값을 배정했기 때문에 g 역시 정수형으로 지정된다.
        g = "James M.";   // 필요에 따라 전혀 다른 형태의 자료를 입력할 수 있다.
        return g;
    }
}

class Program
{
    static void Main( )
    {
        ClassB cb = new ClassB( );

        // 아래와 같이 하나의 함수에 서로 다른 형태의 인수를 전달하는 것이 가능하다.
        cb.PrintVar("C#");   // 함수에 전달되는 값이 문자열(string) 타입이다.
        cb.PrintVar(123);   // 함수에 전달되는 값이 정수형(int32) 타입이다.

        ClassC cc = new ClassC( );
        Console.WriteLine(cc.AddVars(2, 3));
    }
}
```

이처럼 **동적 변수**는,

1. 지역 변수와 전역 변수에 모두 사용할 수 있고

----

2. 변수를 선언하는 시점에 반드시 값을 배정할 필요가 없으며

----

3. 한 번 자료형이 결정된 이후에도 다른 형태의 자료를 입력할 수 있다.

    ----

4. 함수의 반환값이나 매개변수에 사용할 수 있으며

    ----

5. null 값을 가질 수 있다.

또한 동적 변수는 익명 타입에도 사용할 수 있다. 다음은 〈코드.132〉를 dynamic을 사용해 다시 구성한 것이다.

```
코드 134

static void Main( )
{
    // 익명 타입 선언
    dynamic a = new { Name = "James", Age = 35, EyeSight = 0.8 };

    // 익명 타입 호출
    Console.WriteLine("이름 = {0}", a.Name);
    Console.WriteLine("나이 = {0}", a.Age);
    Console.WriteLine("언어 = {0}", a.EyeSight);

    Console.WriteLine( );

    Console.Write("이름을 입력하세요: ");
    string x = Console.ReadLine( );

    Console.Write("나이를 입력하세요: ");
    int y = int.Parse(Console.ReadLine( ));
```

```
Console.Write("시력을 입력하세요: ");
double z = double.Parse(Console.ReadLine( ));

// 익명 타입 선언
dynamic b = new { Name = x, Age = y, EyeSight = z };

// 익명 타입 호출
Console.WriteLine("이름 = {0}", b.Name);
Console.WriteLine("나이 = {0}", b.Age);
Console.WriteLine("언어 = {0}", b.EyeSight);

Console.WriteLine( );

// 각각의 자료형 확인
Console.WriteLine(b.GetType( ));
Console.WriteLine(b.Name.GetType( ));
Console.WriteLine(b.Age.GetType( ));
Console.WriteLine(b.EyeSight.GetType( ));
}
```

그렇다면 여기서 한 가지 궁금증이 생긴다. dynamic 타입이 이처럼 엄청난 활용 범위를 가진다면 굳이 다른 자료형을 쓸 필요 없지 않겠냐는 것이다. 그렇게 생각하는 것도 무리는 아니지만, 실제 개발과정에서 dynamic은 그다지 권장하지 않는다. 그 이유는, dynamic 타입을 많이 사용하는 경우 프로그램의 실행 속도가 느려지고 리소스를 많이 차지한다는 점, 그리고 무엇보다 변수의 자료형이 프로그램 실행 시점에 결정되는 것은 더 많은 예외상황과 오류의 가능성에 노출된다는 의미이기 때문이다. 따라서 **동적 자료형**은 꼭 필요한 경우에만 사용하도록 하자.

5.14

서식 문자열

닷넷 표준 서식 문자열

표준 서식 문자열^{format string}은 출력값의 형식을 정의하는데 사용한다. 예를 들어, 소수점 두 자리까지만 출력을 원한다든가 각국의 화폐단위로 출력값을 표현하고자 하는 경우가 이에 속한다.

표준 숫자 서식 문자열은 {Axx} 형식을 취하는데, 여기서 'A'를 **서식 지정자**라고 부르며, 필요에 따라 다음 표에서 보이는 것 중 하나와 바꿔 사용한다. 'A' 뒤에 나오는 'xx'는 자릿수를 지정하는 것으로 정수값으로 적어준다.

자릿수를 지정하는 경우 '반올림'은 하지 않는다. 따라서 반올림이 필요한 경우에는 Math.Ceiling, Math.Floor 또는 Math.Round 메서드를 사용해야 한다.

서식 지정자	의미	설명
N / n	일반적인 수 표현	정수 부분과 소수 부분의 표현 방식으로, 별도의 자릿수 지정이 없다면 2자리 표현을 원칙으로 한다.
D / d	10진수의 표현	정수의 표현, 따라서 실수에 적용하면 오류가 발생한다. 지정한 자릿수보다 표현해야 하는 숫자가 작은 경우 앞에서부터 '0'으로 채운다.
F / f	고정 소수점의 표현	정수 부분과 소수 부분의 표현 방식으로, 별도의 자릿수 지정이 없다면 2자리 표현을 원칙으로 한다.
E / e	지수의 표현	과학적인 수의 표현으로 별도의 자릿수 지정이 없다면 소수점 아래 6자리 표현을 원칙으로 한다.
G / g	일반적인 수 표현	더 간단한 고정 소수점 및 지수의 표현으로 별도의 자릿수 지정이 없다면 모든 수를 보여준다.
X / x	16진수의 표현	16진수 값의 표현으로, 지정한 자릿수보다 표현해야 하는 숫자가 작은 경우 앞에서부터 '0'으로 채운다.
P / p	백분율 표현	숫자 뒤에 백불율 표시(%)를 추가하여 결과값을 반환한다.
C / c	통화, 화폐단위 표현	숫자 앞에 화폐단위를 추가하여 결과값을 반환한다.

그럼 여기서 서식 지정자를 활용한 간단한 프로그램을 만들어 각각의 출력값이 어떻게 달라지는지 확인해보자.

```csharp
using System;

namespace FormatSpecifierDemo
{
    class Program
    {
        static void Main( )
        {
            int a = -17;
            int b = 3117;
            double c = 0.376281;

            // '0'과 서식지정자 'Axx'를 띄어쓰면 안 된다.
            Console.WriteLine("\ 'N\'을 사용한 경우, a + b = {0:N}", a + b);
            Console.WriteLine("\'N3\'을 사용한 경우, a + b = {0:N3}", a + b);

            Console.WriteLine( );

            Console.WriteLine("\'D\'을 사용한 경우, a - b = {0:D}", a - b);
            Console.WriteLine("\'D5\'을 사용한 경우, a - b = {0:D5}", a - b);

            Console.WriteLine( );

            // F가 아닌 f를 사용하고 있다. 즉, 서식 지정자는 대/소문자를 구별하지 않는다.
            Console.WriteLine("\'F\'을 사용한 경우, a * b = {0:f}", a * b);
            Console.WriteLine("\'F1\'을 사용한 경우, a * b = {0:f1}", a * b);

            Console.WriteLine( );

            Console.WriteLine("\'E\'을 사용한 경우, b / c = {0:e}", a / c);
            Console.WriteLine("\'E3\'을 사용한 경우, b / c = {0:e3}", a / c);

            Console.WriteLine( );
```

```
        Console.WriteLine("\'G\'을 사용한 경우, b / c = {0:g}", a / c);
        Console.WriteLine("\'G3\'을 사용한 경우, b / c = {0:g3}", a / c);

        Console.WriteLine( );

        // 서식 지정자는 대/소문자를 구별하지 않는다.
        Console.WriteLine("\'X\'을 사용한 경우, 50 = {0:x}", 50);
        Console.WriteLine("\'X5\'을 사용한 경우, 50 = {0:X5}", 50);

        Console.WriteLine( );

        Console.WriteLine("\'C\'을 사용한 경우, 123.456789 = {0:c}", 123.456789);
        Console.WriteLine("\'C2\'을 사용한 경우, 123.456789 = {0:C2}", 123.456789);

        Console.WriteLine( );

        Console.WriteLine("\'P\'을 사용한 경우, 123.456789 = {0:p}", 123.456789);
        Console.WriteLine("\'P4\'을 사용한 경우, 123.456789 = {0:P4}", 123.456789);
    }
  }
}
```

보통의 수를 다루는 서식 지정자와 달리 '통화'를 다루는 서식 지정자는

반올림이 일어난다. 즉, 지정한 소수 자릿수의 오른쪽에 있는 값이 '5'이상인 경우

양수라면 마지막 자릿수에서 올림이 일어나고, 음수였다면 내림이 발생한다.

사용자 정의 서식 문자열

C#에서 기본적으로 제공하는 서식이 이외에도 개발자가 직접 서식을 정의하여 사용할 수 있는데, 다음과 같은 기호를 사용한다.

서식 지정자	의미	설명
0	0의 자리 표시자	표현하는 수의 자릿수를 정한다. 지정한 자릿수보다 표현해야 하는 숫자가 작은 경우 앞에서부터 '0'으로 채운다.
#	0진수의 자리 표시자	표현하는 수의 자릿수를 정한다. 지정한 자릿수다 작은 수의 경우에는 부족한 자리에 아무 것도 출력하지 않는다.
.	소수점의 위치	결과값에서 소수점이 찍히는 위치를 결정한다.
,	천 단위 구분자	수를 표현할 때 천 단위마다 콤마(,)를 찍어 보여준다.

코드 136

```
using System;

namespace FormatSpecifierDemo_2
{
    class Program
    {
        static void Main( )
        {
            int a = -7;
            int b = 31;
            double c = 0.376281;
```

```
Console.WriteLine("\'00\'을 사용한 경우, a / c = {0:00}", a / c);
Console.WriteLine("\'0000\'을 사용한 경우, a / c = {0:0000}", a / c);

Console.WriteLine( );

Console.WriteLine("\'0\'을 사용한 경우, b * c = {0:0}", b * c);
Console.WriteLine("\'000\'을 사용한 경우, b * c = {0:000}", b * c);

Console.WriteLine( );

Console.WriteLine("\'###\'을 사용한 경우, a / c = {0:###}", a / c);
Console.WriteLine("\'####\'을 사용한 경우, a / c = {0:####}", a / c);

Console.WriteLine( );

Console.WriteLine("\'#\'을 사용한 경우, b * c = {0:#}", b * c);
Console.WriteLine("\'##\'을 사용한 경우, b * c = {0:##}", b * c);

Console.WriteLine( );

Console.WriteLine("\'##.#\'을 사용한 경우, a / c = {0:##.#}", a / c);
Console.WriteLine("\'##.##\'을 사용한 경우, a / c = {0:##.##}", a / c);

Console.WriteLine( );

Console.WriteLine("\'#,#\'을 사용한 경우, 10000000 = {0:#,#}", 10000000);
        }
    }
}
```

날짜와 시간을 표현하는 방법에는 다양한 선택이 존재한다. 단, 날짜와
시간을 표현하는 기호의 경우 대/소문자를 구별한다는 점이 다르다. 그

리고 몇몇 서식 지정자가 앞에서 공부한 숫자 표현 양식과 중복된다고 생
각할 수 있는데, 이 양식에 영향을 받는 것은 오직 DateTime형 자료이기
때문에 서로 충돌이 일어나지 않는다.

서식 지정자	의미	설명
d	짧은 날짜 표현	〈yyyy-dd-yy〉형식으로 날짜 표현
D	긴 날짜 표현	〈~년 ~월 ~일 ~요일〉형식으로 날짜 표현
t	짧은 시간 표현	〈오전/오후 시간:분〉형식으로 시간 표현
T	긴 시간 표현	〈오전/오후 시간:분:초〉형식으로 시간 표현
f	긴 날짜 + 짧은 시간 표현	〈~년 ~월 ~일 ~요일 오전/오후 시간:분〉형식으로 표현
F	긴 날짜 + 긴 시간 표현	〈~년 ~월 ~일 ~요일 오전/오후 시간:분:초〉형식으로 표현
g	짧은 날짜 + 짧은 시간 표현	〈yyyy-dd-yy 오전/오후 시간:분〉형식으로 표현
G	짧은 날짜 + 긴 시간 표현	〈yyyy-dd-yy 오전/오후 시간:분:초〉형식으로 표현
M	월과 일을 표현한다	〈~월 ~일〉형식으로 날짜를 표현
Y	월과 연도를 표현한다.	〈~년 ~월〉형식으로 날짜를 표현

코드 137

```
using System;

namespace FormatSpecifierDemo_3
{
    class Program
    {
        static void Main( )
```

```
{
    // 시스템의 현재 시간을 추출한다.
    DateTime thisDate = DateTime.Now;

    // 날짜와 시간의 출력 형식을 결정하는 서식 지정자는 대소문자에 영향을 받는다.
    Console.WriteLine("\'d\'를 사용한 경우, {0:d}", thisDate);
    Console.WriteLine("\'D\'를 사용한 경우, {0:D}", thisDate);

    Console.WriteLine( );

    Console.WriteLine("\'t\'를 사용한 경우, {0:t}", thisDate);
    Console.WriteLine("\'T\'를 사용한 경우, {0:T}", thisDate);

    Console.WriteLine( );

    Console.WriteLine("\'f\'를 사용한 경우, {0:f}", thisDate);
    Console.WriteLine("\'F\'를 사용한 경우, {0:F}", thisDate);

    Console.WriteLine( );

    Console.WriteLine("\'g\'를 사용한 경우, {0:g}", thisDate);
    Console.WriteLine("\'G\'를 사용한 경우, {0:G}", thisDate);

    Console.WriteLine( );

    Console.WriteLine("\'M\'를 사용한 경우, {0:M}", thisDate);
    Console.WriteLine("\'Y\'를 사용한 경우, {0:Y}", thisDate);
    }
  }
}
```

앞에서 공부한 문자열 서식은 C#에서 제공하는 것 중 일부에 지나지 않는다.

더 많은 내용을 알고 싶다면 아래 링크를 통해 확인할 수 있다.

http://docs.microsoft.com/ko-kr/dotnet/standard/base-types/standard-

numeric-format-strings

http://docs.microsoft.com/ko-kr/dotnet/api/system.console.writeline

5.15

예외 처리

프로그램을 실행하다 보면 예상치 못한 상황이 발생할 수 있다. 흔히 버그 bug라고 불리는 이러한 예외상황은 주로 다음과 같은 경우에 발생한다.

1. 사용자가 입력 오류

2. 프로그램 구동에 필요한 파일을 찾을 수 없을 때

3. 프로그램을 실행하던 컴퓨터의 자원(메모리)이 부족한 경우

물론 프로그램이 오류를 일으키는 경우는 셀 수 없지 많지만, 위 세 가지가 가장 일반적으로 나타나는 예외상황이다. 따라서 잘 짜여진 프로그램을 만들고 싶다면 앞의 3가지 상황에 특히 유념하여 코드를 작성해야 한

다. 이러한 예외상황에 대처하기 위해 C#은 try-catch, finally 문, 그리고 throw 문을 제공한다.

try-catch 문

```
try
{
    int[ ] arr = new int[3];

    for ( int i = 0; i < arr.Length; i++ )
    {
        Console.Write("정수를 입력하세요: ");
        arr[i] = Convert.ToInt32(Console.ReadLine( ));
    }

    for ( int i = 0; i < arr.Length; i++ )
    {
        Console.WriteLine("입력한 정수는 {0}입니다.", arr[i]);
    }
}
catch (Exception e)
{
    Console.WriteLine("오류 발생! 정수가 아닙니다.");
}
```

앞 프로그램에서 사용자가 **정수**만 입력한다면 아무런 문제가 없을 것이다. 하지만 사용자가 **실수** 또는 **문자(열)**을 입력한다면 상황이 달라진다. 이렇게 개발자의 의도와 다른 오류가 발생하는 경우, 앞 프로그램은 'catch 문'을 실행할 것이다.

앞의 코드에서 눈여겨볼 것은 'catch(Exception e)'인데, 코드에서 보는 것과 같이 'Exception'을 자료형처럼, 그리고 'e'는 변수처럼 사용하고 있다. 사실 'Exception'은 C#에서 기본적으로 제공하는 클래스로써 모든 종류의 예외상황에 대한 정보를 가지고 있다. 따라서 우리는 어떤 종류의 예외상황이 발생할지 걱정하지 않아도 되고, 그냥 'try-catch 문'에 의존할 수 있다. 하지만 어떤 예외상황이 발생했는지 알고 싶다면 다음과 같이 한 줄의 명령문을 추가하면 된다.

```
Console.WriteLine(e.Message);
```

코드 138

```
try
{
    int[ ] arr = new int[3];

    for ( int i = 0; i < arr.Length; i++ )
    {
        Console.Write("정수를 입력하세요: ");
        arr[i] = Convert.ToInt32(Console.ReadLine( ));
    }

    for ( int i = 0; i < arr.Length; i++ )
    {
```

```
            Console.WriteLine("입력한 정수는 {0}입니다.", arr[i]);
        }
    }

catch (Exception e)
{
    Console.WriteLine(e.Message);
}
```

하나의 try 문이 오직 하나의 catch 문만 가질 수 있는 것은 아니다. 하나의 try 문은 필요한 만큼의 catch 문을 가질 수 있는데, 이것은 특히 사용자의 입력을 받는 상황에서 매우 쓸모가 있다.

```
try
{
    Console.Write("정수를 입력하세요: ");
    int x =  Convert.ToInt32(Console.ReadLine( ));

    Console.WriteLine(x);
}

catch (OverflowException ovf)
{ Console.WriteLine(ovf.Message); }

catch (Exception ex)
{ Console.WriteLine(ex.Message); }
```

앞의 코드에서는 하나의 try 문이 두 개의 catch 문을 가지고 있다. 먼저 너무 크거나 작은 정수값이 입력되는 경우에 대처하는 'OverflowException'이 사용되었고, 정수가 아닌 입력이 발생할 때는 대비하는 'Exception'이 사용되었다. 이처럼 각각의 예외상황마다 다르게 대처하고 싶다면 여러 개의 catch 문을 민들어주면 되는데, 이를 **다중 catch 문**이라고 부른다. 그리고 각각의 예외상황에 대처하기 위해 사용된 'OverflowException'과 'Exception'을 **예외처리기**라고 부른다. 여기서 한 가지 주의할 점은 여러 catch 문이 함께 사용되는 경우 'Exception'이 가장 마지막에 와야 한다는 사실이다.

예외상황을 받기 위해 선언한 변수 'e'는 그야말로 '변수'다. 따라서 원한다면 앞의 코드에서처럼 다른 이름을 부여할 수 있다.

다음은 가장 일반적으로 사용되는 예외처리기들이다.

FileNotFoundException	지정한 파일을 찾을 수 없음
DirectoryNotFoundException	디렉토리 경로가 올바르지 않음
DriveNotFoundException	드라이브를 사용할 수 없거나 찾을 수 없음
FormatException	지정한 값을 문자열로 형변환할 수 없음
IndexOutOfRangeException	배열에서 지정한 인덱스의 범위를 벗어남
TimeoutException	작업에 할당된 시간이 만료됨
OutOfMemoryException	시스템 메모리를 할당할 수 없음
OverflowException	산술이나 형변환의 결과가 범위를 벗어남
ArgumentException	함수에 전달되는 인수값이 올바르지 않음
ArgumentOutOfRangeException	함수에 전달되는 인수값이 범위를 벗어남
DivideByZeroException	'0'을 분모로 하여 나눗셈 연산을 함
NotSupportedException	지원하지 않는 연산을 실행함
NullReferenceException	값을 배정받지 않은 변수를 참조하여 연산함

C#에서 제공하는 예외처리 클래스에서 대해 더 공부하고자 한다면
아래 링크를 참조할 수 있다.

https://docs.microsoft.com/ko-kr/dotnet/standard/exceptions/

finally 문

catch 문 뒤에 **선택적**으로 사용할 수 있는 finally 문은 예외상황의 발생과 상관없이 무조건 실행된다. **선택적**이라고 말한 것처럼, finally 문은 반드시 존재해야 하는 것이 아니다. 하지만 예외 상황이 발생했을 때 낭비되는 리소스를 반환하고자 한다면 finally 문이 그 역할을 훌륭하게 해낼 수 있다. 또한 응용하기에 따라 다양한 용도로 사용할 수 있는 것이 finally 문이기도 하다. 다음 프로그램에서 finally 문은 **가비지 컬렉션**garbage collection을 실행해 더 이상 사용하지 않는 리소스를 반환함과 동시에 새로운 계산을 시작하도록 하고 있다.

```
코드 141

for ( int i = 0; i < 3; i++ )
{
    try
    {
        Console.Write("분자를 입력하세요: ");
        int x = Convert.ToInt32(Console.ReadLine( ));

        Console.Write("분모를 입력하세요: ");
        int y = Convert.ToInt32(Console.ReadLine( ));

        Console.WriteLine(x/y);
    }

    catch (Exception e)
    { Console.WriteLine(e.Message); }
```

```
finally
{
    GC.Collect( );    // 가비지 컬렉션을 실행한다.

    if ( i < 2 )
    { Console.WriteLine("\n다른 수를 입력하세요."); }
}
}
```

try, catch, finally 문이 함께 사용될 때, catch 문은 try 뒤에만 올 수 있고, finally 문은 맨 마지막에 와야 한다. 또한, 하나의 try 문은 반드시 하나 이상의 catch 문 혹은 finally 문을 가져야 한다. 둘 중 어느 것도 가지지 않은 try 문은 오류의 원인이 된다.

throw 문

try-catch 문을 사용하여 예외를 처리하는 것은 기능적으로 훌륭하기는 하지만 사용자의 입력을 받는 자리, 파일을 호출하는 자리 등 '오류'가 발생 가능한 모든 자리에 반복해서 try-catch 문을 작성한다는 것은 번거로운 일이다. 개발자가 원하는 자리에서 원하는 조건의 예외처리기를 호출하려면 'throw 문'을 사용하자. throw 문은 예외처리기를 수동적으로 호출하는 방법이다.

다음 프로그램은 사용자가 입력한 비밀번호가 미리 정해놓은 비밀번호와 일치하지 않는 경우 예외처리기를 호출한 뒤 프로그램을 닫을 것이다.

```
class Program
{
    static string password = "#123";

    static void Main( )
    {
        Console.Write("비밀번호를 입력하세요: ");
        string pw = Console.ReadLine( );

        if ( password != pw )
        {
            // 예외처리기를 호출하고 프로그램을 종료한다.
            throw new Exception("비밀번호가 잘못되었습니다.");
        }

        else
        { Console.WriteLine("로그인 되었습니다."); }
    }
}
```

앞의 프로그램에서는 try-catch 문이 사용되지 않았다는 점에 주목하자. 대신에 사용자가 원하는 자리에서 사용자가 지정한 오류 상황을 점검하고 있다. 물론, 다음과 같이 try-catch 문을 사용하면서 동시에 원하는 예외상황을 점검할 수도 있다.

```csharp
class Program
{
    static string password = "#123";

    static void Main( )
    {
        string pw;

        try
        {
            for( int counter = 3; counter > 0; )
            {
                Console.Write("비밀번호를 입력하세요: ");
                pw = Console.ReadLine( );

                if ( password != pw )
                {
                    Console.WriteLine("비밀번호가 잘못되었습니다.");
                    counter--;

                    Console.WriteLine( );

                    if( counter == 0 )
                    {
                        // 예외처리기를 호출하고 프로그램을 종료한다.
                        throw new Exception("비밀번호를 3회 잘못 입력했습니다.");
                    }
                }

                else
                {
                    // 예외처리기를 호출하고 프로그램을 종료한다.
                    throw new Exception("로그인 되었습니다.");
                }
            }
        }
```

```
        catch(Exception e)
        {
            Console.WriteLine(e.Message);
        }
    }
}
```

try-catch 문 없이 throw 문만 사용한 경우에는 finally 문을 사용할 수 없다.

6

프로그램 구조

네임스페이스

네임스페이스 이해

새로운 프로젝트를 시작하면 다음과 같은 코드가 자동으로 생성된다는
사실은 이미 알고 있다.

```
using System;

namespace 프로젝트명
{
    class Program
    {
        static void Main(string[ ] args)
        {
```

```
            Console.WriteLine("Hello World!");

        }

    }

}
```

자동으로 생성되는 코드에서 여러분이 정한 프로젝트의 이름은 'name space' 뒤에 보여진다. 이를 통해 알 수 있는 것은, **네임스페이스**가 곧 프로젝트라는 사실이다. 아직 이해가 부족하다면 다음과 같은 경우를 생각해 보자.

여러분이 '집'을 짓는다고 가정할 때, 하나의 집에는 여러 개의 방과 화장실, 거실, 그리고 부엌 등이 존재할 수 있다. 그리고 각각의 방과 화장실, 부엌은 모두 저마다의 기능을 가지고 있다. 이때 방과 부엌 등을 '네임스페이스'라고 생각하자. 또 각각의 방에는 조명을 위한 시스템 등이 존재할 텐데, 이 조명 시스템을 '클래스', 그리고 조명을 켜고 끄는 스위치를 '함수'라고 생각할 수 있다.

여기서 우리는 네임스페이스가 왜 필요한지 알 수 있다. 하나의 방에 여러 개의 문을 설치하는 것은 이상할 수 있지만, 각각의 방에 문을 하나씩 배치하는 것은 문제가 되지 않을 것이다. 여러 프로그래머가 참여하는 큰 프로젝트의 경우, 같은 이름의 클래스, 함수 등이 존재할 수 있고, 심지어 이들 중에는 다른 개발자가 만든 것과 같은 기능을 수행하는 것도 있을 수 있다. 이런 모든 충돌을 피하면서 프로그램을 개발하는 것은 사실상 불가능하다. 그래서 네임스페이스가 필요하다. 즉, 개발자들은 각자 자신이 맡은 '방'만 꾸미도록 하는 것이다. 침대를 놓던, 책상을 놓던, 조명을 설치하던 그건 그 방을 담당한 사람의 선택일 뿐이다. 그리고 각자 자신이 맡은 방에만 신경을 쓴다면 다른 방에 문이 있는지 없는지 걱정할 필요가 없고, 이 방을 위해 만든 것이 다른 방에도 있는지 없는지 상관하지 않아도 된다. 이게 바로 네임스페이스의 존재 이유다. **네임스페이스**는 내가 꾸미는 하나의 **방**이다.

하나의 네임스페이스 안에서는 같은 이름을 가지는 객체가 허용되지 않지만, 다른 네임스페이스에는 같은 이름의 객체가 존재할 수 있다.

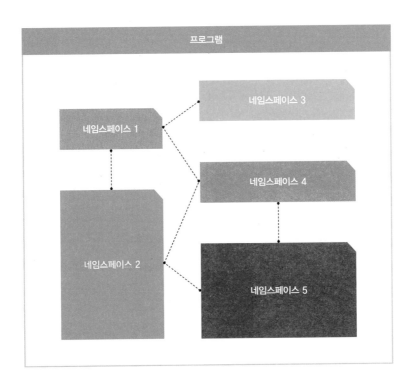

이렇게 만들어진 방들과 부엌, 화장실을 하나로 연결해주어야 비로서 '집'이 완성되는 것처럼, 각각의 네임스페이스(방)를 연결해주면 프로그램(집)이 완성된다. 단, 여기에서 반드시 기억해야 하는 것이 하나 있는데, 모든 집에 들어오는 현관이 하나인 것처럼, Main( ) 함수를 가지는 네임스페이스도 오직 하나만 존재할 수 있다는 사실이다.

using 키워드

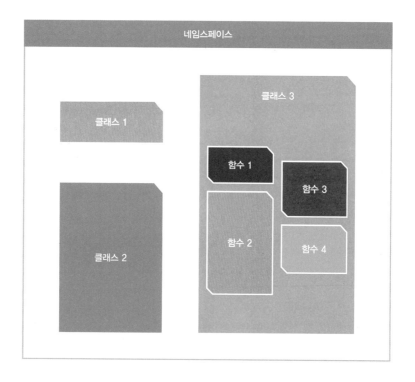

우리는 이미 수많은 네임스페이스를 만들어왔고, 여러 네임스페이스들을 연결해서 사용해왔다.

지금까지 새로운 프로젝트를 시작할 때마다 프로그램의 맨 첫 줄에 'using System'이라는 명령문이 존재했던 것을 알고 있을 텐데, 바로 이 using 문을 이용해 여러 네임스페이스를 연결하는 것이다. 'using System'이라는 명령문을 사용하지 않았다면, C#에서 제공하는 기본적인 입출력문조차 다음과 같이 만들었어야 한다.

```
코드 144

namespace NamespaceDemo
{
    class Program
    {
        static void Main( )
        {
            System.Console.Write("정수를 입력하세요: ");
            int x = System.Convert.ToInt32(System.Console.ReadLine( ));

            System.Console.WriteLine(x);
        }
    }
}
```

이와 같이 'using 문'을 사용하지 않고도 얼마든지 다른 네임스페이스를 호출하여 사용할 수 있다. 하지만 이것은 매우 불편한 방법이다. 따라서 앞의 코드를 단순하게 만들려면 using 문을 사용해야 한다. 〈코드.144〉와 〈코드.145〉는 똑같은 기능을 수행한다.

```
using System;

namespace NamespaceDemo
{
    class Demo
    {
        static void Main( )
        {
            Console.Write("정수를 입력하세요: ");
            int x = Convert.ToInt32(Console.ReadLine( ));

            Console.WriteLine(x);
        }
    }
}
```

이처럼 using 문을 이용해 외부 네임스페이스를 연결하면 해당 네임스페이스에 속한 클래스와 함수를 자유롭게 사용할 수 있다.

C#에서 기본적으로 제공하는 네임스페이스만 연결해서 사용할 수 있는 것이 아니다. 여러분이 직접 만든 네임스페이스도 같은 방식으로 불러와 사용할 수 있다. 다음을 보자.

```
using System;

namespace MyNamespace_1
{
    class Test_1
    {
        public void Print( )
        {
            Console.WriteLine("MyNamespace_1의 함수가 호출되었습니다.");
        }
    }
}

namespace MyNamespace_2
{
    class Test_2
    {
        public void Print( )
        {
            Console.WriteLine("MyNamespace_2의 함수가 호출되었습니다.");
        }
    }
}

namespace NamespaceDemo
{
    class Program
    {
        static void Main( )
        {
            // 〈네임스페이스.클래스명〉의 형식으로 클래스의 인스턴스를 생성할 수 있다.
            MyNamespace_1.Test_1 ns1 = new MyNamespace_1.Test_1( );
            ns1.Print( );

            Console.WriteLine( );
```

```
        MyNamespace_2.Test_2 ns2 = new MyNamespace_2.Test_2( );
        ns2.Print( );
    }
  }
}
```

앞의 코드에서 눈여겨볼 것은 첫째, 'MyNamespace_1'과 'MyNamespace
_2'에 동일한 이름의 함수가 존재했다는 사실이다. 같은 이름의 네임스페
이스는 존재할 수 없지만, 각각의 네임스페이스는 그 안에 무엇이 어떤
이름으로 존재하는지 서로 관여하지 않는다. 둘째, 다른 네임스페이스에
있는 클래스의 인스턴스를 생성하는 방법은 앞에 네임스페이스의 이름을
적어준다는 것만 다를 뿐, 일반적인 클래스의 인스턴스 생성과 다르지 않
다는 사실이다.

그렇다면 using 문을 통해 앞의 코드를 간소화할 수 있을까? 다음 코드를
보자.

```
using System;
using MyNamespace_1;
using MyNamespace_2;

namespace MyNamespace_1
{
```

```csharp
    class Test_1
    {
        public void Print( )
        {
            Console.WriteLine("MyNamespace_1의 함수가 호출되었습니다.");
        }
    }
}

namespace MyNamespace_2
{
    class Test_2
    {
        public void Print( )
        {
            Console.WriteLine("MyNamespace_2의 함수가 호출되었습니다.");
        }
    }
}

namespace NamespaceDemo
{
    class Program
    {
        static void Main( )
        {
            // 마치 자기 네임스페이스 범위 안에 있는 클래스처럼 인스턴스를 생성하고 있다.
            Test_1 ns1 = new Test_1( );
            ns1.Print( );

            Console.WriteLine( );

            Test_2 ns2 = new Test_2( );
            ns2.Print( );
        }
    }
}
```

네임스페이스의 별명 사용

참조하려는 네임스페이스의 이름이 너무 길다면 다음과 같이 **별명**을 사용하여 줄여 쓰는 것도 가능하다.

```
using <별명> = <네임스페이스 이름>;
```

코드 148

```csharp
using System;
using mns1 = MyNamespace_1;
using mns2 = MyNamespace_2;

namespace MyNamespace_1
{
    class Test
    {
        public void Print( )
        {
            Console.WriteLine("MyNamespace_1의 함수가 호출되었습니다.");
        }
    }
}
```

```csharp
namespace MyNamespace_2
{
    class Test
    {
        public void Print( )
        {
            Console.WriteLine("MyNamespace_2의 함수가 호출되었습니다.");
        }
    }
}

namespace NamespaceDemo
{
    class Program
    {
        static void Main( )
        {
            // 'mns1'이 가리키는 것은 'MyNamespace_1'이다.
            mns1.Test ns1 = new mns1.Test( );
            ns1.Print( );

            Console.WriteLine( );

            // 'mns2'가 가리키는 것은 'MyNamespace_2'다.
            mns2.Test ns2 = new mns2.Test( );
            ns2.Print( );
        }
    }
}
```

6.2

솔루션과 프로젝트

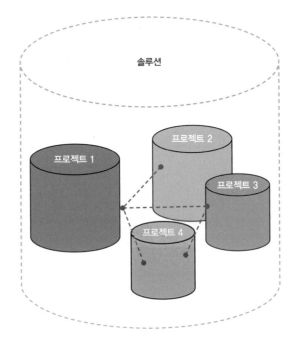

우리는 지금까지 수많은 프로젝트를 만들어왔다. 그리고 각각의 프로젝트는 각자 실행 가능한 프로그램으로 컴파일 했었다. 그렇다면 우리가 흔히 말하는 **프로그램**이 **프로젝트**인 것인가? 그렇지 않다. 닷넷의 모든 프로젝트는 하나의 **솔루션**solution으로 존재하기 때문에, 우리가 **프로그램**이라고 부르는 것은 **솔루션**이다.

하나의 프로젝트로 구성된 솔루션도 존재할 수 있다.

이 경우 프로젝트가 곧 프로그램처럼 보이지만, 그럼에도 불구하고

프로젝트는 여전히 솔루션의 부분집합이다.

그렇다면 **솔루션**은 무엇일까? 솔루션은 프로젝트를 담는 그릇이다. 하나의 솔루션은 필요에 따라 독립적인 기능을 수행하는 한 개 혹은 여러 개의 프로젝트로 이루어질 수 있고, 각각의 프로젝트는 개별적으로 또는 필요에 따라 상호작용을 하면서 운영될 수 있다.

예를 들어, 워드프로세서 프로그램에는 문서 작성 기능과 함께 출력 기능, 저장 기능, 그리고 환경 설정 기능 등 필요에 따라 사용하는 많은 기능이 있다. 이 각각의 기능이 모여 '워드프로세서'라는 하나의 프로그램을 만드는 것이다. 이때, 문서 작성, 출력, 저장, 환경 설정 등을 각각의 프로젝트로 만든 뒤, 이 프로젝트들을 하나의 솔루션(워드프로세서)으로 묶어준다면 프로그램의 제작과 관리가 수월해질 것이다.

다음 설명을 보기 전에 먼저 이미 만들었던 'HelloWorld' 프로그램을 다시 불러오자. 비주얼 스튜디오를 다시 시작한 뒤 『최근 파일 열기』 검색 상자에 'HelloWorld'를 입력하면 과거에 만들었던 프로젝트를 빠르게 찾을 수 있다.

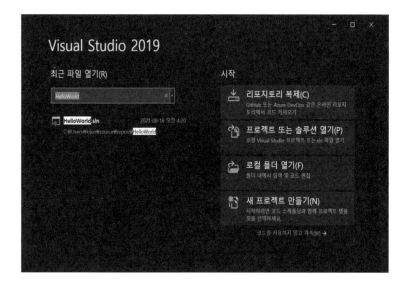

이 프로젝트의 파일들은 다음과 같은 방법으로 확인할 수 있다. 비주얼 스튜디오의 '솔루션 탐색기'에서 작업 중인 프로젝트 위에서 오른쪽 마

우스 버튼을 클릭한 뒤 『파일 탐색기에서 폴더 열기』를 선택하면 프로젝
트 파일(.csproj)이 있는 폴더가 자동으로 열린다.

이름	수정한 날짜	유형	크기
bin	2021-08-16 오전 4:20	파일 폴더	
obj	2021-09-22 오후 11:53	파일 폴더	
HelloWorld.csproj	2021-08-16 오전 4:20	C# Project file	1KB
Program.cs	2021-08-16 오전 4:20	C# Source File	1KB

C#에서 프로젝트 파일의 확장자는 '.csproj'이고,

솔루션 파일의 확장자는 '.sln'이다.

솔루션 파일(.sln)을 확인하는 방법도 이와 유사하다. 비주얼 스튜디오의
'솔루션 탐색기'에서 맨 위에 있는 솔루션을 대상으로 오른쪽 마우스 버
튼을 클릭한 뒤 『파일 탐색기에서 폴더 열기』를 선택하면 현재 작업 중인

솔루션의 정보 파일(.sln)이 있는 폴더를 보여줄 것이다.

이름 ^	수정한 날짜	유형	크기
HelloWorld	2021-08-16 오전 4:20	파일 폴더	
HelloWorld.sln	2021-08-16 오전 4:20	Visual Studio Solution	2KB

프로젝트에 파일이 추가되거나 설정이 바뀌게 되면 이 모든 정보는 프로
젝트 파일(.csproj)에 저장된다. 마찬가지로 솔루션에 프로젝트가 추가되
거나 설정이 바뀌는 것 역시 솔루션 파일(.sln)에 반영되고 저장된다.

프로젝트 파일을 열 때는 'HelloWorld' 위에서 마우스 오른쪽 클릭을 했고,
솔루션 파일을 열 때는 그 위에 있는 '솔루션 HelloWorld' 위에서
마우스 오른쪽 클릭을 했었다.

6.3

프로젝트 추가

프로그램 작성 중에 새로운 프로젝트를 추가하면 그것은 기본적으로 같은 솔루션 안에 담기게 된다.

이제 솔루션에 새로운 프로젝트를 추가해보도록 하자. 솔루션 탐색기에서 현재의 솔루션을 선택하고 마우스 오른쪽 버튼을 클릭한 뒤『추가』를 선택, 그리고『새 프로젝트』를 선택하도록 하자.

이어지는 화면에서 『C#』과 『콘솔 애플리케이션』을 선택한 뒤 〈다음〉을
클릭하자.

여기에서 'HelloWorld2'라는 이름으로 새 프로젝트를 만들고, 이어지는 화면에서 대상 프레임워크를 선택한 뒤 〈다음〉을 클릭한다.

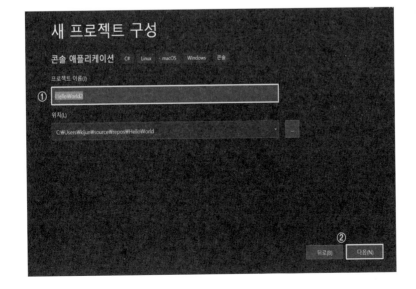

그리고 나면 솔루션 탐색기창에 'HelloWorld2'가 추가된 것을 볼 수 있을 것이다.

하지만 이렇게 새 프로젝트를 추가했다고 해서, 이들이 하나로 묶이지는 않는다. 'HelloWorld'와 'HelloWorld2'를 하나로 묶으려면 다음과 같은 과정을 거쳐야 한다.

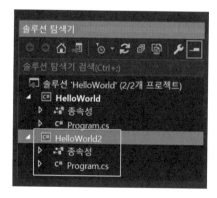

마우스 커서를 'HelloWorld'로 옮겨 마우스 오른쪽 버튼을 클릭하도록
하자. 여기서 『추가』를 선택한 뒤 나타나는 메뉴에서 『프로젝트 참조』를
선택하도록 하자.

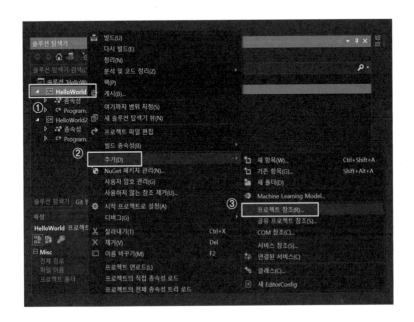

이어지는 화면에서 'HelloWorld2'를 선택하고 〈확인〉을 클릭하자.

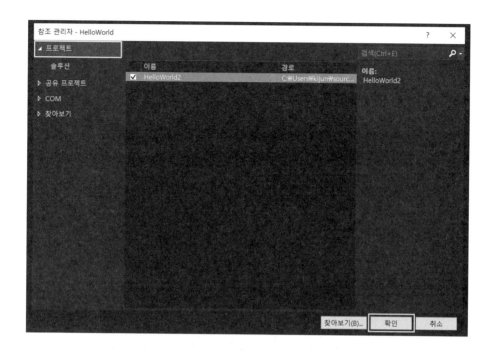

그런 뒤 'HelloWorld2' 프로젝트의 소스 파일(Program.cs)을 다음과 같이
수정한다. 'HelloWorld'라는 외부 프로그램에서 'HelloWorld2'를 호출
하는 것이기 때문에 접근제한자를 'public'으로 바꿔주어야 한다. 그리고
Main( ) 함수의 매개변수도 모두 지워야 한다.

```
using System;

namespace HelloWorld2
{
    // 클래스의 이름이 같은 경우 using 문을 사용할 때 오류가 발생할 수 있다.
    public class Program2
    {
        public static void Main( ) // Main 함수에서 매개변수를 지운다.
        {
            Console.WriteLine("두 번째 Hello World!");
        }
    }
}
```

앞에서처럼 'HelloWorld2'를 수정해주었다면 이제 'HelloWorld'에서 using 문으로 이 프로그램을 불러와 사용할 수 있다. 'HelloWorld'이 소스 코드(program.cs)를 열어 다음과 같이 바꾸자.

```
using System;
using HelloWorld2;

namespace HelloWorld
{
    class Program
    {
        static void Main(string[ ] args)
        {
            Console.WriteLine("첫 번째 Hello World!");

            Program2.Main( );   // 일반적인 함수 호출처럼 사용한다.
        }
    }
}
```

이제 ‘HelloWorld 프로그램’을 실행하면 두 개의 “Hello World” 출력문
을 모두 볼 수 있을 것이다.

〈코드.149〉와 〈코드.150〉은 모두 ‘Main( )’ 함수를 가진다. 따라서
‘HelloWorld.exe’ 뿐만 아니라 ‘HelloWorld2.exe’ 역시 독립적으로 실행
할 수 있다. 이처럼 각각의 독립된 프로젝트를 하나로 묶어주는 장치가
바로 솔루션이다.

6.4

리팩토링(다중 소스 파일 구성)

지금까지 우리는 대부분 하나의 소스 파일(Program.cs)만을 이용해서 프로그램을 만들었다. 하지만 이것은 비효율적인 방법이다. 수많은 클래스와 함수들을 하나의 소스 파일 안에 모두 담는 것은 코드를 읽기 어렵게 만들고 결국 유지관리의 어려움으로 이어질 수밖에 없다. 따라서 하나의 프로그램에서 독립시킬 수 있는 기능들을 최대한 따로 분리해서 구성하는 것이 바람직하다.

비주얼 스튜디오를 사용하면 이와 같은 작업을 손쉽게 할 수 있다. 먼저 새로운 프로젝트를 시작하여 다음과 같이 소스 파일을 작성하자. 단, 여기서 주의해야 할 것은 여러 소스 파일을 하나로 묶어줄 때는 같은 이름의 네임스페이스를 사용해야 한다는 점이다.

```csharp
using System;

namespace RefactoringDemo
{
    class PrintTxt
    {
        public void Print(string txt)
        {
            Console.WriteLine(txt);
        }
    }

    class Program
    {
        static void Main(string[ ] args)
        {
            PrintTxt pt = new PrintTxt( );
            pt.Print("외부 클래스 호출");
        }
    }
}
```

앞의 코드를 작성했다면 ‘class PrintTxt’ 위에 커서를 위치한 뒤 오른쪽 마우스 버튼을 클릭하여 『빠른 작업 및 리팩토링』을 선택하거나 ‘Ctrl + .(마침표)’를 누르자.

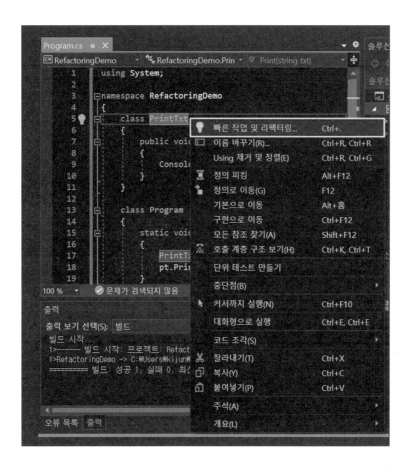

그러면 다음과 같이 'PrintTxt.cs로 형식 이동'할 것인지 묻는 메뉴가 나타나는데, 이것을 선택하면 원본 소스 코드에서 'PtintTxt' 클래스가 사라지면서 솔루션 탐색기에 'PrintTxt.cs'가 추가되는 것을 볼 수 있다.

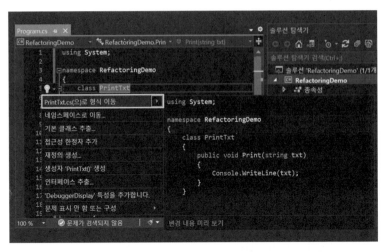

이처럼 프로그램의 전체 구조는 그대로 유지한 채, 세부적인 기능들을 서로 다른 소스 코드 파일로 분리해서 관리하는 것을 **리팩토링**refactoring이라고 부른다.

하지만 리팩토링으로 분리한 소스 코드들은 컴파일 과정에서 다시 하나로 통합된다. 따라서 프로그램의 기능과 결과에는 영향을 미치지 않는다. 그럼에도 불구하고 이처럼 소스 코드를 분리하는 것은 프로그램 개발과 유지 보수를 한결 수월하게 만들기 때문이다.

컴파일 이후 실행 파일의 이름은 Main( )함수를 가지고 있는 소스 파일의 이름을 따른다.

이미 존재하는 소스 코드를 분리하는 것이 유일한 리팩토링의 방법은 아니다. 비주얼 스튜디오의 상단 메뉴에서 『프로젝트』→『클래스 추가』를 선택하여 새로운 소스 코드를 작성하는 것도 가능하다.

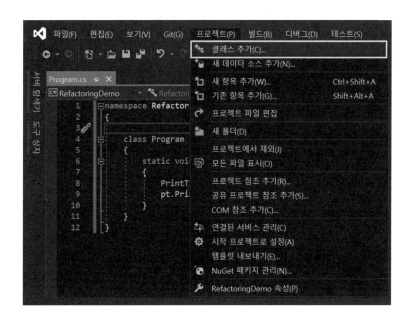

메뉴에서 『클래스 추가』를 선택하면 다음과 같은 상자가 나타나는데, 여기서 클래스를 선택한 뒤, ②번에 원하는 파일 이름을 입력하고 〈추가〉버튼을 누르면, 앞에서 리팩토링을 했을 때처럼 새로운 이름의 소스 코드 파일이 생성될 것이다.

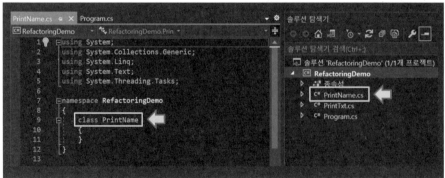

다만 이미 존재하는 코드를 분리한 것이 아니기 때문에 새로 만들어진 파일에 코드는 직접 작성해주어야 한다. 'PrintName' 클래스를 다음과 같이 작성하자.

```
코드 152

using System;

namespace RefactoringDemo
{
    class PrintName
    {
        public void Print(string usrName)
        {
            Console.WriteLine("안녕하세요, {0}님", usrName);
        }
    }
}
```

새로 만들어진 클래스(PringName)를 작성했다면, 솔루션 탐색기에서 'Program.cs' 파일을 선택한 뒤 'Main( )' 함수를 다음과 같이 바꾸자.

```
using System;

namespace RefactoringDemo
{
    class Program
    {
        static void Main(string[ ] args)
        {
            PrintTxt pt = new PrintTxt( );
            pt.Print("외부 클래스 호출");

            Console.Write("\n이름을 입력하세요: ");
            string uName = Console.ReadLine( );

            PrintName pn = new PrintName( );
            pn.Print(uName);
        }
    }
}
```

이처럼 이미 작성한 소스 코드에서 클래스를 분리할 수도 있고, 새롭게 클래스를 추가하면서 이를 별도의 소스 파일로 관리할 수도 있다.

6.5

라이브러리 만들기

흔히 **DLL 파일**이라고 불리기도 하는 **라이브러리**^{Dynamic Linked List: DLL}는 재사용이 가능한 범용 모듈을 말한다. 라이브러리는 특정 프로그램을 위해서만 존재할 수도 있고 여러 다른 프로그램에서 함께 사용하기 위해 존재할 수도 있다. 예를 들어, 프린터로 출력을 내보내는 기능을 위해 모든 프로그램에서 각자 출력을 위한 코딩을 하는 것은 매우 불필요하고 비효율적이다. 바로 이런 경우, 마이크로소프트사에서 제공하는 관련 DLL을 호출해서 사용하는 것이 바람직하다. 윈도우를 설치하면 마이크로소프트사에서 미리 만들어놓은 엄청난 수의 DLL 파일이 여러분의 컴퓨터에 설치되는데, 이 파일들은 윈도우뿐만 아니라 윈도우를 기반으로 하는 프로그램에서 함께 사용할 수 있다. 이렇게 편리한 라이브러리를 어떻게 만들고 사용하는지 공부해보자.

모듈

프로그램에서 독립적인 기능을 수행하는 부분을 따로 떼어놓은 것을 **모듈** **(module)**이라고 부르는데, 모듈은 그 자체로 컴파일이 가능하며 재사용할 수 있다.

우선 비주얼 스튜디오를 다시 시작하여 『새 프로젝트 만들기』를 하거나, 이미 비주얼 스튜디오가 켜진 상태라면 『파일』 → 『새로 만들기』 → 『프로젝트』를 선택한다. 그리고 여기서 '콘솔 애플리케이션'을 선택하는 대신 이번에는 『클래스 라이브러리.NET』를 선택한다. 이어지는 창에 원하는 프로젝트 이름을 넣어주고, 그 뒤의 화면에서 '대상 프레임워크'를 선택하도록 하자.

사용하는 비주얼 스튜디오의 버전에 따라 『클래스 라이브러리.Net Standard)』라고 보일 수도 있다. 이 경우, 비주얼 스튜디오의 버전이 낮은 것이다.
업그레이드할 것을 권장한다.

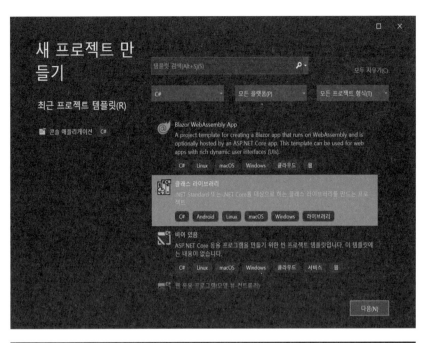

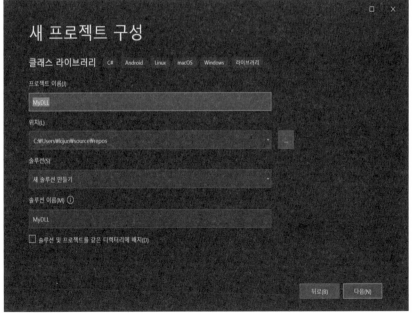

이제 새로 만들어진 클래스 라이브러리의 코드를 작성하자.

```
코드 154

namespace MyDLL
{
    // DLL 파일은 Main( ) 함수를 가지지 않는다.

    public class MyCal
    {
        public double Add(double a, double b)
        {
            return a + b;
        }
```

```
public double Subtract(double a, double b)
{
    return a - b;
}

public double Multiply(double a, double b)
{
    return a * b;
}

public double Divide(double a, double b)
{
    return a / b;
}
    }
}
```

앞의 코드에서 눈여겨볼 것은 첫째, 라이브러리는 프로그램 실행의 시작
포인트인 Main( )함수를 가지지 않는다는 점이다. 둘째, 외부의 접근을
허용하는 부분은 반드시 접근제한자를 public으로 선언해야 한다.

코드를 작성했다면, 오른쪽 '솔루션 탐색기'에서 'Class1.cs'를 'MyDLL.
cs'로 수정하자. 그리고 상단의 메뉴에서 『빌드』→『솔루션 빌드』를 선택
하거나 〈Ctrl+Shift+B〉를 눌러 라이브러리 파일을 빌드하도록 하자.

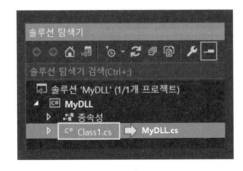

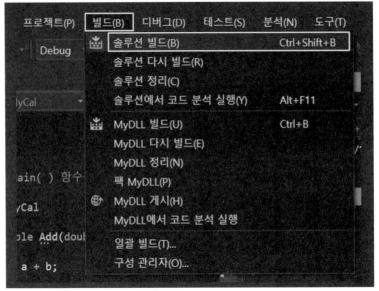

이렇게 해서 만들어진 DLL 파일은 프로젝트 폴더 아래 있는 'bin' 폴더의
하위 폴더에 저장된다. 정확한 위치를 확인하고자 한다면 솔루션 탐색기
에서 프로젝트 이름(MyDLL) 위에 마우스 커서를 이동한 뒤 오른쪽 마우
스 버튼을 클릭, 『파일 탐색기에서 폴더 열기』를 선택하면 된다. 그러면
'bin' 폴더가 보일 텐데, 그 폴더의 하위 폴더로 이동하면 'MyDLL.dll' 파
일을 찾을 수 있을 것이다(파일을 위치를 따로 기록해두자. 다음 장에서 정확한
파일을 위치를 요구할 것이다).

컴파일 vs. 빌드

컴파일이란 소스 코드를 '0'과 '1'의 조합인 바이너리 코드 즉, 컴퓨터가 이해할 수 있는 기계어로 변환하는 작업을 말한다. 그러나 **빌드**는 소스 코드를 실행 가능한 완성된 소프트웨어로 만드는 일련의 과정을 통칭하는 것이다. 따라서 **빌드**에는 **컴파일** 단계가 포함된다. 즉, 컴파일은 빌드의 부분집합이라고 생각할 수 있다.

이제 새로운 '콘솔 애플리케이션' 프로젝트를 시작하여 다음과 같이 코드를 작성하자. 새로운 프로젝트를 시작하는 방법은 앞에서와 마찬가지로 『파일』→『새로 만들기』→『프로젝트』를 선택하면 된다.

코드 155

```
using System;
using MyDLL;

namespace DLLDemo
{
    class Program
    {
        static void Main( )
        {
            Console.Write("숫자를 하나 입력하세요: ");
            double x = Convert.ToDouble(Console.ReadLine( ));
```

```
Console.Write("숫자를 하나 더 입력하세요: ");
double y = Convert.ToDouble(Console.ReadLine( ));

// MyDLL 파일 안에 있는 클래스 MyCal의 인스턴스를 생성한다.
MyCal mc = new MyCal( );

// MyDLL 파일 안에 있는 함수들을 이용해 연산을 한다.
Console.WriteLine("{0} + {1} = {2}", x, y, mc.Add(x, y));
Console.WriteLine("{0} - {1} = {2}", x, y, mc.Subtract(x, y));
Console.WriteLine("{0} * {1} = {2}", x, y, mc.Multiply(x, y));
Console.WriteLine("{0} / {1} = {2}", x, y, mc.Divide(x, y));
        }
    }
}
```

앞의 코드를 컴파일하면 오류가 날 것이다. 그 이유는 아직 앞에서 만든 'MyDLL' 라이브러리와 프로젝트를 연결해주지 않았기 때문이다.

앞의 프로그램과 DLL 파일을 연결하기 위해서는 솔루션 탐색기에서 프로젝트 이름(DLLDemo) 위로 마우스 커서를 이동한 뒤 오른쪽 마우스를 클릭하여 『추가』→『프로젝트 참조』를 선택한 뒤 다음과 같은 작업을 해주어야 한다.

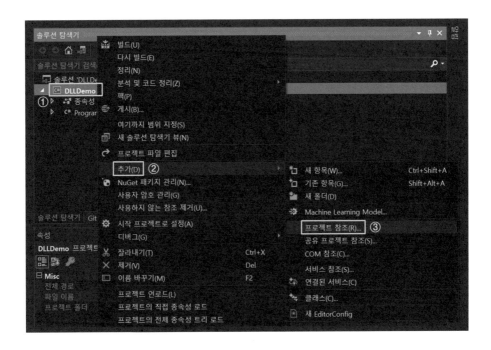

참조를 선택한 뒤에 나타나는 화면에서 'MyDLL.dll'을 선택한 뒤 〈확인〉
을 클릭한다. 'MyDLL.dll' 파일이 보이지 않는다면, 아래 〈찾아보기〉 버
튼을 클릭하여 아까 기록해 둔 'MyDLL.dll' 파일의 위치로 가서 직접 선
택하도록 하자.

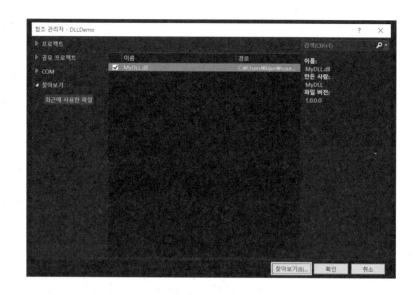

앞의 작업을 모든 마치면 다음과 같이 ‘MyDLL’이 프로젝트에 포함된 것을 확인할 수 있다.

사용하는 비주얼 스튜디오의 버전에 따라 ‘참조’ 항목에서 ‘MyDLL’이 보이기도 한다.

MyDLL 라이브러리를 참조할 수 있도록 설정했다면 〈코드.155〉에서 작성한 프로그램을 컴파일하여 실행해보자.

.NET Framework, .NET Core, .NET Standard 비교

콘솔 애플리케이션을 만들 때와 마찬가지로 클래스 라이브러리를 만들 때역시 '.NET Framework', '.NET Core' 그리고 '.NET Standard' 중어느 것을 기반으로 할 것인지 정해야 할 수도 있는데, 이들이 어떻게 다른지 알지 못한다면 선택에 어려움이 있을 수 밖에 없다. 하지만 이들 셋의차이는 단순하다. 자신이 만들고 있는 프로그램이 어떤 운영체제를 기반으로 하는지에 따라 달라지는 것 뿐이다. 아래 표를 참고한다면 도움이 될 것이다.

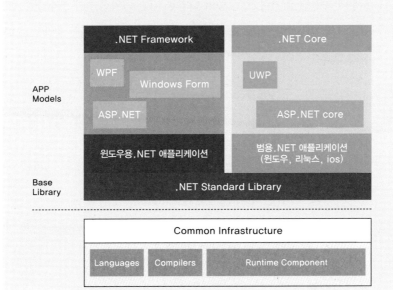

6.6

파일 및 폴더 제어

System.IO 네임스페이스는 파일과 폴더(디렉터리)를 생성, 삭제하고, 파일로부터 자료를 읽거나 쓰는 등의 다양한 기능을 위한 클래스와 함수, 프로퍼티를 제공한다. 가장 많이 사용되는 파일 및 폴더 관련 클래스는 다음과 같다.

클래스	지원 기능
File	파일 생성, 복사, 삭제, 이동 및 열기를 위한 정적 메서드를 제공한다.
FileInfo	파일 생성, 복사, 삭제, 이동 및 열기를 위한 인스턴스 메서드를 제공한다.
Directory	디렉토리와 하위 디렉토리 생성, 삭제, 이동 및 조회를 위한 정적 메서드를 제공한다.
DirectoryInfo	디렉토리와 하위 디렉토리 생성, 삭제, 이동, 및 조회를 위한 인스턴스 메서드를 제공한다.

오늘날 윈도우에서 '폴더'라고 부르는 것을 과거 도스(DOS) 시절에는
'디렉토리'라도 불렀다. 따라서 앞에서 말하는 '디렉토리'를 우리가 알고 있는
'폴더'라고 이해하면 될 것이다. 리눅스나 다른 운영체제에서는 여전히
'디렉토리'라는 이름을 사용하고 있다.

다음은 앞의 각 클래스에서 가장 빈번하게 사용하는 함수와 프로퍼티들
이다.

기능	File	FileInfo	Directory	DirectoryInfo
생성	Create( )	Create( )	CreateDirectory( )	Create( )
삭제	Delete( )	Delete( )	Delete( )	Delete( )
복사	Copy( )	CopyTo( )	비동기 I/O로 처리	비동기 I/O로 처리
이동	Move( )	MoveTo( )	Move( )	MoveTo( )
존재 여부 확인	Exists( )	Exists	Exists( )	Exists
속성 조회	GetAttributes( )	Attributes	GetAttributes( )	Attributes
하위 파일 조회	해당 없음	해당 없음	GetFiles( )	GetFiles( )
하위 디렉터리 조회	해당 없음	해당 없음	GetDirectories( )	GetDirectories( )

파일과 디렉토리를 제어하는 것은 많은 부분에서 컴퓨터를 사용하는 목적일 수
있다. 따라서 이와 관련한 기능은 무수히 많은데, 더 많은 정보가 필요하다면
아래 링크를 참조하자.

링크: http://docs.microsoft.com/ko-kr/dotnet/standard/io/

이제 앞에서 말한 몇몇 함수(메소드)를 사용하는 프로그램을 만들어 보자.

```csharp
using System;
using System.IO;

namespace FileControlDemo
{
    class Program
    {
        static void Main()
        {
            // 파일이나 디렉터리의 경로를 적을 때는 앞에 '@'을 붙인다.
            string dirPath = @"c:\myTemp\";

            // 동일한 이름의 폴더가 이미 존재하는 경우 폴더를 만들지 않는다.
            if (Directory.Exists(dirPath))
            {
                Console.WriteLine("같은 이름의 폴더가 이미 존재합니다.");
            }

            else
            {
                Directory.CreateDirectory(dirPath);
                Console.WriteLine("{0} 폴더가 생성되었습니다.", dirPath);
            }

            // 파일이나 디렉터리의 경로를 적을 때는 앞에 '@'을 붙인다.
            string txtPath = @"c:\myTemp\myText.txt";

            // 동일한 이름의 파일이 이미 존재하는 경우 파일을 만들지 않는다.
            if (File.Exists(txtPath))
            {
                Console.WriteLine("같은 이름의 파일이 이미 존재합니다.");
            }
```

코드 156

```
    else
    {
        File.Create(txtPath);
        Console.WriteLine("{0} 파일이 생성되었습니다.", txtPath);
    }

    Console.Write("\n파일에 저장할 내용을 입력하세요: ");
    string usrInput = Console.ReadLine( );

    // WriteAllText 메소드는 텍스트 파일에 문자열을 입력한다.
    // 이미 존재하는 문자열이 있다면 덮어쓴다.
    File.WriteAllText(@"c:\myTemp\myText.txt", usrInput);

    // ReadAllText 메소드는 텍스트 파일에 저장된 문자열을 출력한다.
    Console.Write("\n파일에 저장된 내용은 다음과 같습니다: ");
    Console.WriteLine(File.ReadAllText(@"c:\myTemp\myText.txt"));
        }
    }
}
```

System.IO에서 제공하는 파일에 관련된 모든 메소드는 주어진 기능을 수행한 후에 자동으로 파일을 닫아주기 때문에 매우 편리하다.

이미 존재하는 파일에 내용을 추가하고자 한다면 'AppendText( )' 함수를 사용한다. 아래 프로그램은 이미 존재하는 파일에 내용을 추가한 뒤, 파일 이름을 바꾸고, 이후 파일과 폴더를 삭제하기 원하는지 물을 것이다.

```csharp
using System;
using System.IO;

namespace FileControlDemo2
{
    class Program
    {
        static void Main( )
        {
            Console.Write("추가할 내용이 있습니까? (y/n)  ");
            char addText = Convert.ToChar(Console.ReadLine( ).ToLower( ));

            if(addText == 'y')
            {
                Console.Write("\n파일에 추가할 내용을 입력하세요: ");
                string usrInput = Console.ReadLine( );

                // AppendAllText 메소드는 텍스트 파일에 문자열을 추가한다.
                File.AppendAllText(@"c:\myTemp\myText.txt", usrInput);

                Console.Write("\n파일에 현재 저장된 내용은 다음과 같습니다: ");
                Console.WriteLine(File.ReadAllText(@"c:\myTemp\myText.txt"));
            }

            string txtPath = @"c:\MyTemp\myText.txt";
            string newPath = @"c:\MyTemp\myText_new.txt";

            // 파일의 이름을 수정한다.
            if (File.Exists(newPath))
            {
                Console.WriteLine("같은 이름의 파일이 이미 존재합니다.");
            }
```

```csharp
else
{
    // rename을 하기 위해서는 move 메소드를 사용한다.
    File.Move(txtPath, newPath);
}


Console.Write("\n파일을 삭제하겠습니까? (y/n)   ");
char delFile = Convert.ToChar(Console.ReadLine( ).ToLower( ));

if(delFile == 'y')
{
    // 파일을 삭제한다.
    File.Delete(@"c:\myTemp\myText_new.txt");
}

Console.Write("폴더를 삭제하겠습니까? (y/n)   ");
char delDir = Convert.ToChar(Console.ReadLine( ).ToLower( ));

if (delDir == 'y')
{
    // 폴더를 삭제한다.
    // 단, 폴더가 비어있을 때만 삭제가 가능하다.
    Directory.Delete(@"c:\myTemp\");
}
            }
        }
    }
```

CHAPTER

7

C#으로 구현하는 자료구조

7.1

스택

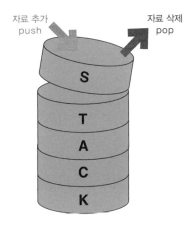

스택stack은 그 자료구조의 특성상 Last In, First Out 즉, 마지막에 들어온 자료가 먼저 나간다는 의미에서 'LIFO'라고도 불린다. 스택에 자료를 삽입하는 것을 'Push'라고 부르며, 스택에서 자료를 삭제하는 것을 'Pop'이라고 부르는데, Push 든 Pop 이든 맨 마지막에 입력한 자료를 대상으로 작업이 이루어진다.

스택은 각종 프로그램에서 **실행 취소(undo)**와 **다시 실행(redo)** 기능을 만들 때 가장 유용하게 사용되는 자료구조다.

스택에 저장되는 모든 자료는 동일한 자료형을 가져야 하며, 다음과 같은 프로퍼티와 함수(메소드)를 포함한다.

Count	스택 안에 저장된 데이터의 총수를 반환한다.
Peek( )	스택에 저장된 마지막 데이터가 무엇인지 확인한다. 그러나 삭제는 하지 않는다.
Pop( )	스택에 저장된 마지막 데이터가 무엇인지 확인한 뒤 해당 데이터를 삭제한다.
Push(T t)	스택의 맨 위에 새로운 데이터를 삽입한다.
Clear( )	스택에 저장된 모든 데이터를 삭제한다.
Contains(T t)	주어진 데이터가 스택 안에 존재하면 true, 존재하지 않으면 false 값을 반환한다.
ToArray( )	스택 안에 있는 데이터들을 새로운 배열로 만들어 복사한다.
TrimExcess( )	사용하지 않은 메모리 공간을 정리한다.

스택은 자신이 사용하는 메모리의 공간을 자동으로 증가시킨다는 면에서 동적인 자료구조에 속한다. 또한 스택을 사용하기 위해 'System. Collections.Generic'을 먼저 호출해야 한다는 점도 **리스트**List와 닮았다.

```
Stack<자료형> = new Stack<자료형>( );
```

```csharp
using System;
using System.Collections.Generic;

namespace StackDemo
{
    class Program
    {
        static void Main( )
        {
            // 새로운 스택의 인스턴스를 생성한다.
            Stack<int> st = new Stack<int>( );

            st.Push(11);
            st.Push(22);
            st.Push(33);

            Console.WriteLine(st.Count + "개의 자료가 있습니다.\n");
            Console.Write("맨 위에 있는 값은 " + st.Peek( ) + "입니다.\n");
            Console.Write("맨 위에 있는 값 " + st.Pop( ) + "을 삭제합니다.\n");

            Console.WriteLine("\n----------------");

            Console.WriteLine(st.Count + "개의 자료가 있습니다.\n");
            Console.Write("맨 위에 있는 값은 " + st.Peek( ) + "입니다.\n");

            Console.WriteLine("\n----------------");

            foreach (int i in st)
            {
                Console.Write(i + " ");
            }

            Console.WriteLine("\n----------------");
```

```csharp
    st.Push(44);
    st.Push(55);

    Console.WriteLine(st.Count + "개의 자료가 있습니다.\n");
    Console.Write("맨 위에 있는 값은 " + st.Peek( ) + "입니다.\n");

    Console.WriteLine("\n----------------");

    foreach (int i in st)
    {
        Console.Write(i + " ");
    }

    st.TrimExcess( );    // 사용하지 않는 메모리 공간을 정리한다.

    Console.WriteLine("\n----------------");

    if (st.Contains(44))
    {
        st.Clear( );
    }

    Console.WriteLine(st.Count + "개의 자료가 있습니다.\n");
        }
    }
}
```

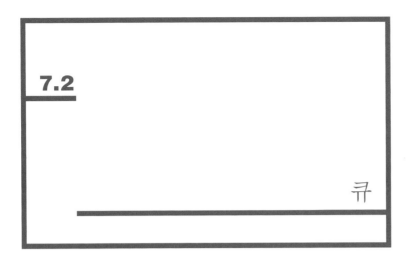

7.2

큐

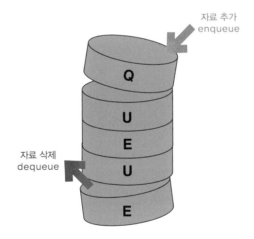

자료 추가
enqueue

자료 삭제
dequeue

큐^{queue}는 그 자료구조의 특성상 First In, First Out 즉, 먼저 들어온 자료가 먼저 나간다는 의미에서 FIFO라고도 부른다. 큐에 데이터를 삽입하는 행위를 Enqueue라고 부르며, 데이터를 삭제하는 행위를 Dequeue라고 부른다. Enqueue는 맨 마지막에 입력한 자료를 대상으로 이루어지지만, Dequeue는 맨 처음에 입력한 자료를 대상으로 한다는 점이 스택과 다르다.

큐는 프린트의 대기열처럼 순차적으로 처리해야 하는 경우에 유용하게 사용된다. 실생활에서 '줄서기'와 마찬가지이므로 스택에 비해 활용도가 더 높다.

스택과 마찬가지로 큐에 저장되는 모든 자료는 같은 자료형을 가져야 하며, 다음과 같은 프로퍼티와 함수(메소드)를 포함한다.

Count	큐에 저장된 데이터의 총수를 반환한다.
Peek( )	큐에 저장된 마지막 데이터가 무엇인지 확인한다. 그러나 삭제는 하지 않는다.
Dequeue( )	큐에 저장된 맨 처음 자료가 무엇인지 확인하고 해당 데이터를 삭제한다.
Enqueue(T t)	큐의 맨 위에 데이터를 삽입한다.
Clear( )	큐에 저장된 모든 데이터를 삭제한다.
Contains(T t)	주어진 데이터가 큐에 존재하면 true, 존재하지 않으면 false 값을 반환한다.
ToArray( )	큐에 저장된 데이터들을 새로운 배열로 만들어 복사한다.
TrimExcess( )	사용하지 않은 메모리 공간을 정리한다.

스택과 마찬가지로 큐 역시 사용하는 메모리 공간이 자동적으로 증가하는 동적인 자료구조를 갖는다. 큐를 사용하기 위해서는 using 문을 사용하여 'System.Collections.Generic'을 먼저 호출해야 한다는 점도 스택과 같다.

```
Queue<자료형> = new Queue<자료형>( );
```

```csharp
using System;
using System.Collections.Generic;

namespace QueueDemo
{
    class Program
    {
        static void Main( )
        {
            // 새로운 큐의 인스턴스를 생성한다.
            Queue<char> qu = new Queue<char>( );

            qu.Enqueue('A');
            qu.Enqueue('B');
            qu.Enqueue('C');

            Console.WriteLine(qu.Count + "개의 자료가 있습니다.\n");
            Console.Write("맨 위에 있는 값은 " + qu.Peek( ) + "입니다.\n");
            Console.Write("맨 위에 있는 값 " + qu.Dequeue( ) + "을 삭제합니다.\n");

            Console.WriteLine("\n----------------");

            Console.WriteLine(qu.Count + "개의 자료가 있습니다.\n");
            Console.Write("맨 위에 있는 값은 " + qu.Peek( ) + "입니다.\n");

            Console.WriteLine("\n----------------");

            foreach (char c in qu)
            {
                Console.Write(c + " ");
            }

            Console.WriteLine("\n----------------");
```

```csharp
qu.Enqueue('D');
qu.Enqueue('E');

Console.WriteLine(qu.Count + "개의 자료가 있습니다.\n");
Console.Write("맨 위에 있는 값은 " + qu.Peek( ) + "입니다.\n");

Console.WriteLine("\n----------------");

foreach (char c in qu)
{
    Console.Write(c + " ");
}

qu.TrimExcess( );   // 사용하지 않는 메모리 공간을 정리한다.

Console.WriteLine("\n----------------");

if (qu.Contains('B'))
{
    qu.Clear( );
}

Console.WriteLine(qu.Count + "개의 자료가 있습니다.\n");
        }
    }
}
```

7.3

딕셔너리

딕셔너리dictionary는 **키**key와 **자료**value의 쌍으로 이루어진다. 그리고 키는 딕셔너리에 저장된 데이터에 접근하는 열쇠로 사용된다. 따라서 똑같은 값을 가지는 키는 존재할 수 없다.

딕셔너리를 사용하려면 저장하는 모든 자료들이 같은 자료형을 가져야 한다. 그리고 같은 값을 갖는 키는 존재할 수 없지만, 같은 값을 갖는 자료는 존재할 수 있다. 여기까지 읽으면, 마치 **정렬된 리스트**SortedList에 대한 설명과 다르지 않아 보인다. 이런 이유로 정렬된 리스트와 딕셔너리는 종종 비교의 대상이 되곤 한다. 이 둘의 차이점은 무엇일까?

1. 정렬된 리스트에 비해 딕셔너리가 정렬되지 않은 자료에 대한 삽입 및 삭제 연산을 더 빠르게 처리한다.

2. 한 번 데이터가 정렬되어진 뒤에는 정렬된 리스트가 딕셔너리에 비해 더 빠른 작업 속도를 가진다.

---

3. 정렬된 리스트는 딕셔너리에 비해 일반적으로 더 적은 메모리 공간을 사용한다. 하지만 데이터베이스 관리나 캐쉬 메모리 관리에는 정렬된 리스트보다 딕셔너리가 더 좋은 성능을 보인다.

딕셔너리는 다음과 같은 프로퍼티와 함수(메소드)를 포함한다.

Count	딕셔너리 안에 존재하는 모든 키/자료 쌍의 총수를 반환한다.
Values	딕셔너리 안에 존재하는 데이터의 값을 순서대로 반환한다.
Keys	주어진 키값에 상응하는 데이터값을 반환한다.
Add(key, value)	주어진 키/자료의 쌍을 딕셔너리에 추가한다.
Remove(key)	주어진 키값을 가진 자료를 딕셔너리에서 삭제한다.
Clear( )	딕셔너리에 존재하는 모든 데이터를 삭제한다.
Containskey(key)	딕셔너리에 해당 키값이 있으면 true, 없으면 false 값을 반환한다.
ContainsValue(value)	딕셔너리에 해당 데이터값이 있으면 true, 없으면 false 값을 반환한다.

딕셔너리는 다른 자료구조와 달리 'TrimExcess( )'를 지원하지 않는다.

```
Dictionary<키 자료형, 데이터 자료형> =

new Dictionary<키 자료형, 데이터 자료형>( );
```

```csharp
using System;
using System.Collections.Generic;

namespace DictionaryDemo
{
    class Program
    {
        static void Main( )
        {
            // 새로운 딕셔너리의 인스턴스를 생성한다.
            Dictionary<int, string> dn = new Dictionary<int, string>( );

            dn.Add(1, "Jeff Bezos");
            dn.Add(2, "Larry Page");
            dn.Add(3, "Mark Zuckerberg");
            dn.Add(4, "Warren Buffett");

            Console.WriteLine(dn.Count + "개의 자료가 있습니다.\n");

            // 아래 dn.Values 와 비교할 것
            foreach (int i in dn.Keys)
            {
                Console.WriteLine(dn[i]);
            }

            Console.WriteLine("\n----------------");

            if (dn.ContainsKey(5))
            {
                dn.Clear( );
            }

            else
            {
                dn.Add(5, "Elon Musk");
```

```csharp
            // 위의 dn.Keys 와 비교할 것
            foreach(string s in dn.Values)
            {
                Console.WriteLine(s);
            }
        }

        Console.WriteLine("\n----------------");

        Console.WriteLine(dn.Count + "개의 자료가 있습니다.\n");

        if (dn.ContainsValue("Elon Musk"))
        {
            dn.Remove(1);

            foreach (string s in dn.Values)
            {
                Console.WriteLine(s);
            }
        }

        Console.WriteLine("\n----------------");

        Console.WriteLine(dn.Count + "개의 자료가 있습니다.\n");
    }
}
```

SortedList vs. Dictionary

SortedList는 종종 Dictionary와 비교되는데, 이 둘의 구성과 역할이 매우 닮았기 때문이다. 이 둘의 차이점을 굳이 말하자면, SortedList가 더 적은 메모리를 사용하는데 비해 Dictionary는 더 빠른 연산 속도를 가진다는 것이다. 단, 모든 데이터를 한 번에 입력하는 경우에는 SortedList의 연산 속도가 더 빠를 수 있다.

7.4

해쉬셋

해쉬셋HashSet은 중복값을 가질 수 없는 특별한 자료구조다. 그러나 다른 자료구조와 마찬가지로 해쉬셋의 모든 데이터 역시 같은 자료형을 가져야 한다. 해쉬셋은 딕셔너리와 달리 인덱스를 가지지 않기 때문에 주소를 이용한 데이터 접근과 정렬이 불가능하다. 그럼에도 불구하고 해쉬셋은 데이터의 **집합**을 다루는데 특화되어 있어서 데이터베이스 관련 프로그래밍에 자주 사용될 뿐만 아니라, 빠른 검색 능력과 빠른 데이터의 추가 및 삭제가 가능하기 때문에 메모리 관리에 가장 많이 사용된다.

해쉬셋은 다음과 같은 프로퍼티와 함수(메소드)를 포함한다.

Count	해쉬셋에 저장된 데이터의 총수를 반환한다.
Add(T t)	제시한 데이터를 해쉬셋에 추가한다.
Remove(T t)	제시한 데이터를 해쉬셋에서 삭제한다.
Clear( )	해쉬셋의 모든 데이터를 삭제한다.
Contains(T t)	주어진 데이터가 해쉬셋에 있으면 true, 없으면 false 값을 반환한다.
IsSubsetOf(ICollection c)	이 해쉬셋이 지정한 해쉬셋의 부분집합이라면 true, 아니면 false 값을 반환한다.
IsSupersetOf(ICollection c)	이 해쉬셋이 지정한 해쉬셋를 포함하는 상위 집합이라면 true, 아니면 false 값을 반환한다.
IntersectWith(ICollection c)	현재의 해쉬셋을 기준으로 지정한 해쉬셋과의 교집합을 반환한다.
ExceptWith(ICollection c)	현재의 해쉬셋을 기준으로 지정한 해쉬셋과의 차집합을 반환한다.
UnionWith(ICollection c)	이 해쉬셋과 지정한 해쉬셋을 병합한다. 단, 중복된 값이 있다면 자동으로 하나를 삭제한다.
TrimExcess( )	사용하지 않은 메모리 공간을 정리한다.

```
HashSet<자료형> = new HashSet<자료형>( );
```

```csharp
using System;
using System.Collections.Generic;

namespace HashSetDemo
{
  class Program
  {
    static void Main(string[] args)
    {
      HashSet<char> hs1 = new HashSet<char>( );

      hs1.Add('A');
      hs1.Add('B');
      hs1.Add('C');

      Console.WriteLine("hs1에는 {0}개의 자료가 있습니다.", hs1.Count);

      HashSet<char> hs2 = new HashSet<char>( );

      hs2.Add('A');
      hs2.Add('B');
      hs2.Add('D');
      hs2.Add('E');   // 동일한 자료의 입력은 허용되지 않는다.
      hs2.Add('E');   // 단, 컴파일시 오류 없이 자동적으로 입력이 무시된다.
      hs2.Add('F');

      Console.WriteLine("hs2에는 {0}개의 자료가 있습니다.", hs2.Count);

      Console.WriteLine("----------------");

      Console.WriteLine(hs1.IsSubsetOf(hs2));
      Console.WriteLine(hs1.IsSupersetOf(hs2));

      Console.WriteLine("----------------");
```

```
        hs1.IntersectWith(hs2);

        Console.WriteLine("교집합 생성 이후 hs1에는 {0}개의 차료가 있습니다.", hs1.Count);

        foreach (char c in hs1)
        {
          Console.WriteLine(c);
        }

        Console.WriteLine("----------------");

        hs2.ExceptWith(hs1);

        Console.WriteLine("차집합 생성 이후 hs2에는 {0}개의 자료가 있습니다.", hs2.Count);

        foreach (char c in hs2)
        {
          Console.WriteLine(c);
        }

        Console.WriteLine("----------------");

        hs1.UnionWith(hs2);

        Console.WriteLine("hs1과 hs1 병합 이후 hs1에는 {0}개의 자료가 있습니다.", hs1.Count);

        foreach (char c in hs1)
        {
          Console.WriteLine(c);
        }

        hs1.TrimExcess( );   // 사용하지 않는 메모리 공간을 정리한다.
        hs2.TrimExcess( );   // 사용하지 않는 메모리 공간을 정리한다.
      }
    }
  }
```

마치며

본서는 학습서일 뿐 레퍼런스북을 염두하고 쓰지 않았다. 즉, C# 개발자로 첫발을 내딛는 여러분들에게 가장 핵심적인 개념이 무엇인 알려주기 위해 쓰여진 것이다. 처음부터 너무 두껍고 어려운 책으로 공부를 시작하면 무엇이 더 중요한 것인지, 어떤 개념과 테크닉이 나중에 집중적으로 활용되는지 알기 어렵기 때문이다.

이 책을 끝까지 정독한 독자라면, 이제 더 깊은 내용까지 다루는 다른 책을 공부하는 데 어려움이 없을 것이다. 또한, 인터넷 등에서 자신에게 필요한 정보만 골라서 학습할 때도 그것이 무엇을 말하는지, 어떻게 하라는 것인지 충분히 이해할 수 있으리라 믿는다.

이제 선택은 여러분의 몫이다. 더 전문적인 책을 구입해서 더 깊은 내용까지 공부하는 방법이 그 중 하나일 것이고, 당장 여러분만의 프로젝트를 시작하여 직접 프로그램을 만들면서 필요한 내용을 그때그때 공부하는 것이 또 하나의 방법일 수 있다. 이 중 무엇이 더 좋은 선택인지에 대한 생각은 저마다 다를 수 있겠지만, 저자는 후자의 방법을 권한다.

C# 하나만 보더라도 그 기능이 계속 업데이트되고 더 많은 기능이 끊임없이 추가된다. 그것도 매우 빠른 속도로. 즉, 여러분이 아무리 열심히 공부해도 C# 자체의 업데이트 속도조차 따라가기 쉽지 않다는 뜻이다. 따라서 가장 중요한 개념과 테크닉을 익힌 뒤에는 자신만의 프로그램을 만들면서, 그때그때 필요한 기술을 익혀나가는 것이, 그렇게 자신만의 전문성을 키워나가는 것이 일반적으로 더 바람직할 수 있다.

아무쪼록 개발자로서 여러분의 앞날에 큰 성공이 있기를 바란다.

Foreign Copyright:
Joonwon Lee
Address: 3F, 127, Yanghwa-ro, Mapo-gu, Seoul, Republic of Korea
            3rd Floor
Mobile: 82-10-4798-3462
Telephone: 82-2-3142-4151
E-mail: jwlee@cyber.co.kr

C# 스타터 모바일 · 게임 · 메타버스 개발에 최적화된 프로그래밍 언어의 입문서

2021년 11월 03일 1판 1쇄 인쇄
2021년 11월 10일 1판 1쇄 발행

지은이 | 문기준
펴낸이 | 최한숙
펴낸곳 | BM 성안북스
주소 | 04032 서울시 마포구 양화로 127 첨단빌딩 3층(출판기획 R&D 센터)
        10881 경기도 파주시 문발로 112 파주 출판 문화도시(제작 및 물류)
전화 | 02) 3142-0036
        031) 950-6300
        031) 950-0510
팩스 | 031) 955-0510
등록 | 1973. 2. 1. 제406-2005-000046호
출판사 홈페이지 | www.cyber.co.kr
ISBN | 978-89-7067-410-0 13560
정가 | 25,000원

이 책을 만든 사람들

책임 | 최옥현
기획 · 편집 · 진행 | 김상민
영업 | 구본철, 차정욱, 나진호, 이동후, 강호묵
홍보 | 김계향, 이보람, 유미나, 서세원

표지 · 본문 디자인 | 이승욱 지노디자인
마케팅 | 장상범, 박지원
제작 | 김유석

■ 도서 A/S 안내

성안당에서 발행하는 모든 도서는 저자와 출판사, 그리고 독자가 함께 만들어 나갑니다.
좋은 책을 펴내기 위해 많은 노력을 기울이고 있습니다. 혹시라도 내용상의 오류나 오탈자 등이 발견되면 "좋은 책은 나라의 보배"로서 우리 모두가 함께 만들어 간다는 마음으로 연락주시기 바랍니다. 수정 보완하여 더 나은 책이 되도록 최선을 다하겠습니다.
성안당은 늘 독자 여러분들의 소중한 의견을 기다리고 있습니다. 좋은 의견을 보내주시는 분께는 성안당 쇼핑몰의 포인트(3,000포인트)를 적립해 드립니다.
잘못 만들어진 책이나 부록 등이 파손된 경우에는 교환해 드립니다.